基层官方兽医手册

主　编
王志锋　刘翠英

副主编
杨自全　王　乾　徐兴安
靳斐斐　袁玉霞　郑文亚

编著者
（按音序先后排列）
楚俊梅　董焕竹　霍培涛　吕海坤　任　杰
田　霞　王冠军　王勇民　薛　原　卓卫杰

金盾出版社

内 容 提 要

本书由河南省濮阳县动物卫生监督所牵头，组织相关专业人士编著。主要内容包括：官方兽医的概念及工作机构，动物检疫的概念和基本特性，动物检疫的重要地位，动物检疫的意义和主要任务，动物检疫的分类，动物检疫方法，产地检疫，屠宰检疫，我国主要动物疫病的检疫，官方兽医知识问答和2016年下半年河南省畜牧兽医行政执法人员考试试卷及参考答案。内容先进、文字通俗、方法实用，可满足广大基层畜牧兽医工作者、基层防疫检疫人员、养殖业者、畜产品销售人员的迫切需求，亦可供农业院校相关专业师生阅读参考。

图书在版编目(CIP)数据

基层官方兽医手册/王志锋，刘翠英主编. —北京：金盾出版社，2017.8

ISBN 978-7-5082-8509-2

Ⅰ.①基… Ⅱ.①王…②刘… Ⅲ.①兽医学—手册 Ⅳ.①S85-62

中国版本图书馆CIP数据核字(2017)第111664号

金盾出版社出版、总发行

北京太平路5号(地铁万寿路站往南)

邮政编码：100036 电话：68214039 83219215

传真：68276683 网址：www.jdcbs.cn

封面印刷：北京印刷一厂

正文印刷：双峰印刷装订有限公司

装订：双峰印刷装订有限公司

各地新华书店经销

开本：850×1168 1/32 印张：8.5 字数：205千字

2017年8月第1版第1次印刷

印数：1～5 000册 定价：25.00元

(凡购买金盾出版社的图书，如有缺页、倒页、脱页者，本社发行部负责调换)

目　录

第一章　绪　论

第一节　官方兽医概述及工作机构

一、官方兽医概述

《中华人民共和国动物防疫法》(以下简称《动物防疫法》)创新性地提出了“官方兽医”这一名词,并指出官方兽医是指具备规定的资格条件并经兽医主管部门任命的,负责出具检疫证明等的国家兽医工作人员。

(一)官方兽医应具备的条件

1. 相应的专业技术　动物检疫是一项技术性很强的工作,官方兽医首先必须具备相应的专业技术。衡量一个人专业技术的标准有多个方面,其中是否受过必要的专业教育和培训,是否经过社会公认的确认非常重要。官方兽医应当受过兽医或相关专业的教育,取得相应的学历,并接受过动物检疫技术的专门培训。而对专业技术水平的认定,应当采取目前的通行做法,取得兽医专业的技术职务任职资格。

2. 相应的工作能力　主要是指完成动物检疫工作所需要的实际工作能力。动物检疫的大量工作是实际操作,经验的积累和技术的熟练使工作能力不断提高。尽管从事某项工作时间的长短并不总是与能力成正比,但工作经验的积累和技术的熟练确实需要时间。快速准确是动物检疫工作的基本要求,缺乏实际工作能力难以胜任检疫工作。为了对工作能力有个基本的评定,有必要规定起码的从事动物检疫工作的经历,也就是要有时间的概念。

3. 相应的综合素质 动物检疫是一项神圣而光荣的工作，官方兽医要代表国家行使检疫把关的职权，必须具有一定的素质。要有较高的政治素质，热爱祖国，热爱人民，乐于为祖国服务，为人民服务。要有一定的法制意识，自觉遵纪守法，熟悉相关的法律、法规，坚持依法办事。要有良好的职业道德，爱岗敬业，恪尽职守，公道正派，不徇私情，坚持原则，谨守诚信。综合素质包括多方面的内容，要经过严格的考核认定。

4. 相应的身体条件 动物检疫工作处在畜牧业生产第一线，工作条件极其艰苦，如产地检疫要到饲养场(户)，且工作时间随机性强，也不因天气状况而自主决定；屠宰检疫则要求官方兽医在流水线上跟班作业。这些都要求官方兽医有健康的体魄，能够适应繁重的工作。同时，官方兽医的工作对象，使其面临人兽共患病的威胁，本身也可能成为传播疫病的因素，故身体的健康更具特殊意义。应当指出，官方兽医的身体健康还有其特定的含义，如对视力的要求，屠宰检疫岗位对年龄的要求等，在确定官方兽医人选时都应作为考虑的因素。

(二)官方兽医的主要职责

1. 实施检疫 官方兽医具体负责对动物、动物产品的检疫。动物检疫的性质决定了官方兽医必须按照规定的检疫标准、项目、程序、办法实施检疫，以保证检疫结论的准确、科学。官方兽医的工作要以科学为前提，公正为追求，技术为手段，标准为武器，不得以个人意愿为依据，先入为主，不得谋求私利，更不得敷衍。检疫结论决定了对动物、动物产品的处理，在一定程度上，可以决定生产经营者的命运，也体现了权威性。所以，官方兽医要对检疫结论负责。

2. 出具检疫证明 对经动物检疫合格的动物、动物产品出具检疫合格证明、加盖验讫印章或加封检疫合格标志，是官方兽医对检疫结论进行处理的一种方式，也是官方兽医对结论负责的具体体现。官方兽医出具检疫证明的前提，是按照规定要求实施了检疫，各个检疫项目符合规定条件。官方兽医在出具检疫证明时，要遵守填写规范，逐项据实填写。只出证不检疫属于违规、违纪行为，将受到记过或撤销官方兽医资格的处分，情节严重的，给予开除处分。对伪造检疫结果，构成犯罪的，要依法追究刑事责任。货主取得有效检疫证明、验讫印章、检疫标志后的合法经营受法律保护。官方兽医对检疫结论负责，不得将检疫证、章、标志填写和使用不规范的责任转嫁给货主。

3. 消毒和无害化处理　对检疫不合格的动物、动物产品进行防疫消毒和无害化处理，是官方兽医对检疫结论进行处理的另外一种方式。不合格的动物、动物产品对动物疫病的传播存在很大隐患，任其随意处置或流动，将给动物防疫工作带来不应有的困难，也失去了检疫把关的意义。根据规定，要及时进行消毒等无害化处理，无法进行无害化处理的，予以销毁，官方兽医要报请当地动物卫生监督机构做出无害化处理或销毁的决定，并监督货主执行，所需的费用和损失应由货主承担。官方兽医还应做好现场记录和收集其他的物证，以备查考。

另外，官方兽医还要实施行政监督、检查，进入有关场所调查取证，查阅、复制有关动物防疫的资料等。

二、工作机构

按照《动物防疫法》规定，负责动物检疫的机构是动物卫生监督机构。目前，在很多地方已经建立的动物卫生监督机构，实际上是属于动物防疫监督机构的范畴，具体行使动物检疫的有关职能。对于动物卫生监督机构的任务，在《动物防疫法》及有关的配套法规、规章中都有明确的表述。我们认为，其主要任务应为：组织实施动物检疫，对合法捕获野生动物的检疫，对参展、参赛和演出动物的检疫，检疫审批和监督，对运输环节的检疫监督，无害化处理的监督等。

(一)组织实施动物检疫 动物卫生监督机构依照法定标准、办法和检疫对象,对家畜、家禽和其他规定的动物及产品实施检疫。

(二)承担对合法捕获野生动物的检疫 《动物防疫法》所指的动物,包括家畜、家禽和人工饲养、合法捕获的其他动物。农业部第6号令《动物检疫管理办法》第九条规定,“合法捕获野生动物的,应当在捕获后3天内向捕获地县级动物卫生监督机构申报检疫”。显然,对合法捕获的这部分野生动物的检疫是动物卫生监督机构的任务之一。

(三)负责对参展、参赛和演出动物的检疫 参展、参赛和演出动物与家畜、家禽有一定的区别,又不同于一般的野生动物。这些动物往往移动频繁,流动性大,受动物疫病侵袭的威胁和传播动物疫病的机会都比较大,做好对这部分动物的检疫把关,是各级动物卫生监督机构的一项新的重要任务。根据《动物检疫管理办法》的要求,参加展览演出和比赛的动物在离开产地前,应当提前15天向所在地动物卫生监督机构申报检疫。

(四)检疫审批和监督 种用、乳用动物是畜牧养殖业发展的重要基础,同时也是动物疫病控制的难点。种用、乳用动物一般具有较高的经济价值,生存时间又长于一般的动物,受疫病威胁和传播疫病的概率也比较高。而且,种用动物繁殖后代数量大,对动物疫病特别是种源性疫病的传播有直接影响。因此,加强对种用、乳用动物的检疫和监督管理,对动物疫病的控制、扑灭具有特殊的意义。《动物防疫法》等法律、法规和规章都对检疫审批工作做出了规定。对跨省引进种用、乳用动物及其精液、胚胎、种蛋的,首先要报经输入地的动物卫生监督机构审批,根据输出地的动物疫情等情况办理审批手续。其次,由输出地的动物卫生监督机构按照有关规定实施检疫,合格后方可起运。最后,到达输入地后,货主向输入地动物卫生监督机构报验,后者要查验检疫证明等规定文书,并对调入种用、乳用动物的实际情况进行核对。此后，还要进行必要的隔离观察和监督检查。

（五）运输环节的检疫监督 运输环节在动物疫病的控制中同样具有重要作用，这一环节检疫监督的重点一是保证动物运输期间接触环境的相对安全，二是及时堵塞动物防疫检疫中的漏洞。在具体工作中，一是查验动物检疫合格证明，并对动物及产品进行复查。二是当发生或受到重大动物疫情威胁时，可以派人参加当地依法设立的检查站执行监督检查任务；必要时，报请省级人民政府批准，可以设立临时性的动物卫生监督检查站执行监督检查、检疫消毒任务。

（六）监督实施无害化处理 前已述及，动物检疫的全过程都是法定的，都要按照法定的标准、方法来进行，检疫结论的处理也不例外。对于检疫合格的动物、动物产品，动物卫生监督机构要出具检疫合格证明予以放行。而检疫不合格的动物、动物产品，包括染疫或者疑似染疫的动物、动物产品，病死或者死因不明的动物、动物产品，绝大多数情况下带有动物疫病的病原，如果不能及时清除，就可能成为传播动物疫病的传染源。清除的办法是进行无害化处理，无法进行无害化处理的，予以销毁。无害化处理或销毁在动物卫生监督机构的官方兽医监督下，由货主进行，所发生的直接费用和损失由货主承担。同样，对于在动物、动物产品装运前后清除的垫料、粪便、污物的无害化处理，动物卫生监督机构具有监督职责。

第二节 动物检疫的概念和基本特性

一、动物检疫的概念

动物检疫，是指为了预防、控制和扑灭动物疫病，促进养殖业发展，保护人体健康，由法定的机构、法定的人员，依照法定的检疫标准、方法和项目，对动物、动物产品进行检查、定性和处理的一项强制性的技术行政措施。动物检疫概念的内涵如下。

（一）动物检疫是一项强制性的行政措施 动物检疫是法定性的职能，动物检疫本身就是一项行政措施，管理对象应当无条件地接受，并给予必要的配合。

（二）动物检疫是一项法定的技术措施 动物检疫是一项技术措施，其主要内容是通过规定的检查程序，确定被检查的动物是否感染某种特定的动物疫病，或者被检查的动物产品是否出自健康的动物，并据此做出相应的处理。这些措施，都有明确的法律、法规或规章的规定，不同于一般意义上的技术措施。

（三）动物检疫是一项社会公益性事业 动物检疫是动物防疫工作的一个重要方面，其根本目的是预防、控制和扑灭动物疫病，促进养殖业发展，保护人体健康。所有这些，决定了动物检疫只能是一项社会公益性事业。

二、动物检疫的基本特性

（一）法定性 《动物防疫法》第四十一条规定："动物卫生监督机构依照本法和国务院兽医主管部门的规定对动物、动物产品实施检疫。动物卫生监督机构的官方兽医具体实施动物、动物产品检疫。"由此可见，动物检疫具有鲜明的法定性。其法定性主要表现在5个方面，一是法定的主体，即动物卫生监督机构；二是法定的人员，即动物卫生监督机构内依法取得规定资格的官方兽医；三是法定的检疫对象，即国务院兽医主管部门规定的动物疫病；四是法定的标准，即国家标准和行业标准、办法；五是法定的处理，即检疫结论的确定和处理依照规定执行。

（二）强制性 动物检疫既然是一项法定的技术行政措施，必然具有一定的强制性。申报检疫，接受检疫监督是管理相对人的一项义务，违反有关规定，将承担相应的法律责任。如《动物防疫法》第九章第七十八条就明确规定："违反本法规定，屠宰、经营、运输的动物未附有检疫证明，经营和运输的动物产品未附有检疫证明、检疫标志的，由动物卫生监督机构责令改正，处同类检疫合格动物、动物产品货值金额百分之十以上百分之五十以下罚款；对货主以外的承运人处运输费用一倍以上三倍以下罚款。违反本法规定，参加展览、演出和比赛的动物未附有检疫证明的，由动物卫生监督机构责令改正，处一千元以上三千元以下罚款。"

(三)权威性　动物检疫的实施主体具有权威性，动物卫生监督机构是国家法律授权承担检疫监督任务的组织，其实施动物检疫的行为一经做出，就必然具有一定的权威性，任何其他组织或个人，非经法律、法规规定，就没有履行检疫职能的权力。畜产品生产加工企业对其产品进行的品质检验，与国家法定机构实施的检疫具有本质上的区别。在国家有关法律实行前的一段时间内，畜产品的质量控制主要依靠企业自身的质量检验，但这并不能成为混淆检疫和检验的界限，甚至试图以企业的产品检验取代法定的动物检疫。官方兽医具有权威性。官方兽医一经按照法定程序任命，就同时取得了法律赋予的职权，其开展动物检疫的行为受法律保护。官方兽医出具的检疫合格证明，在规定的时限和区域内具有法定效力。同时，官方兽医要对检疫结论负责。

(四)科学性　动物检疫作为一项技术行政措施，技术性很强，客观真实是最起码的要求，这就决定了动物检疫应具有严格的科学性。从动物检疫标准的制定，到具体的检疫行为；从检疫的操作，到检疫结论的确定，都要建立在科学的基础之上，不允许带有主观意识的色彩。动物检疫的过程，不仅是发现和控制动物疫病的过程，更是确认合格动物和动物产品，确保健康无疫的动物和动物产品上市流通的过程。动物检疫工作，要保证消费者的利益，也要保证畜产品生产经营者的合法权益。动物检疫工作者必须树立良好的职业道德，坚持标准，讲究科学，严格把关，认真负责，以科学的态度处理好检疫中的问题，使自己的工作经得起时间和实践的检验。

(五)公正性　动物检疫的结论直接决定动物和动物产品的处理，直接影响有关企业和个人的经济利益，有时直接影响相关企业和人员的命运，能否做到公正合理显得至关重要。强调动物检疫工作的公正性，首先是要坚持标准的同一性，摒弃主观因素对检疫工作的干扰。其次要完善检疫的技术手段，提高检疫的水平和质量，特别是注意用先进的科学技术装备动物检疫队伍，用科学性促进公正性。同时，各级动物卫生监督机构，所有官方兽医，要注重自身建设，塑造良好形象，自觉接受社会监督，以出色的工作赢得公众的理解和支持。

第三节　动物检疫的重要地位

随着国民经济的发展和人民生活水平的不断提高，作为提供动物性食品的主要产业——畜牧业越来越为人们所重视。尤其是在社会主义市场经济体系初步建立、农业产业结构急需调整的关键时期，畜牧业的重要作用凸显。为适应畜牧业经济发展的要求，兽医主管部门的职能也正在发生根本性的转变，从单纯的组织生产转向宏观调控和信息指导，从单纯的技术服务转向行政执法和技术服务相结合。为了规范畜牧业经济秩序，保障畜牧业长期健康发展，国家近年来相继出台并修订了一系列有关的法律、法规，《动物防疫法》就是其中比较重要的一部，这些法律、法规的实施，标志着我国畜牧业进入了依法管理的新的历史时期。

在畜牧兽医行政执法的众多领域中，动物检疫可以说是时间最长、实力最强、力度最大、影响最广的一个方面。20 世纪 50 年代就已开始的铁路兽医卫生检疫，农业部门实行领导也有40 多年的历史，仅就 1982 年《中华人民共和国动植物检疫条例》、1985 年《家畜家禽防疫条例》的颁布实施，我国动物检疫事业也已走过了 30 多年的风雨历程。其间，动物检疫队伍从小到大，力量从弱到强，省、市、县三级建立了完善的机构，人员近万人。动物检疫的种类，已从生猪、家禽等活畜禽，扩展到所有家畜、家禽及产品。实施检疫的场所，已从铁路站点转变为所有产地，屠宰加工企业检疫也早已从技术措施转化为法定的强制措施。动物检疫，在一定意义上，成了畜牧兽医系统行政执法的“窗口”。

通过严格而有效的动物检疫，可以及时发现和控制动物疫病，为扑灭动物疫情创造条件，从而保护畜牧业的发展。同时，及时检出染疫的动物和病害动物产品，可以避免其对食品安全造成威胁，从而保障城乡居民身体健康。因此，动物检疫工作逐步成为社会关注的一个“热点”。动物检疫工作者要牢记光荣使命，认真履行职责，特别是要加强自身学习，培养工作能力，不断提高政治素质和业务水平，以适应艰巨繁重的工作需要。

第四节　动物检疫的意义和主要任务

一、动物检疫的意义

（一）贯彻《动物防疫法》的重要环节　《动物防疫法》把动物防疫工作定义为动物疫病的预防、控制、扑灭和动物、动物产品的检疫，贯彻《动物防疫法》，就要抓好各个环节的工作。动物检疫是动物和动物产品从产地走向市场的重要环节，没有严格的检疫把关，整个动物防疫工作的链条将会断裂，全面贯彻《动物防疫法》将会成为一句空话。《动物防疫法》第五章专门对动物检疫的主要方面做出了规定，规定了动物卫生监督机构的官方兽医具体实施动物、动物产品检疫；规定了动物卫生监督机构对屠宰场（点）屠宰的动物实施检疫并加盖动物卫生监督机构统一使用的验讫印章；规定了经检疫合格的动物、动物产品，由动物卫生监督机构出具检疫证明、加盖或加封验讫标志；对不合格的动物、动物产品，要监督做防疫消毒和无害化处理，还对国内跨省引种的检疫审批、人工捕获的野生动物的检疫、参加展览（演出、比赛）的动物的检疫等方面做出了明确的规定。所有这些，构成了动物检疫工作的基础，做好这些工作，整个动物防疫工作才能落到实处。

（二）防治动物疫病的重要措施 防治动物疫病，消除动物疫病的危害是人类与自然灾害长期斗争的一大课题，也是极其艰巨的任务。应当看到，动物疫病的发生、发展有其一定的规律性，遵循规律，有的放矢，才能在防治动物疫病的斗争中变被动为主动。我们知道，动物疫病的流行有 3 个主要环节，即传染源、传播途径和易感动物，防治动物疫病就要从消灭传染源、切断传播途径和保护易感动物等方面入手。动物检疫，可以及时发现染疫动物和产品，通过消毒和无害化处理消除传染源，从根本上消除动物疫病的危害。同时，通过动物检疫，发现染疫动物及产品，还可以为切断传播途径、保护易感动物免受侵害提供科学的指向，为及时控制和扑灭动物疫情创造条件。所以，动物检疫是整个动物防疫工作的重要内容，是防治动物疫病的重要措施。

（三）保护畜牧业和人体健康的基础工作 经过 30 多年的改革开放，我国的综合国力明显增强，积累了丰厚的物质基础，曾经困扰我们的短缺经济早已悄然离去。人民群众的生活需求发生了很大变化，安全卫生的食品成为人们新的追求。因此，加快畜牧业结构调整的步伐，规范畜牧业生产经营秩序，强化质量管理，生产安全优质的动物性食品成为畜牧部门的主要任务。要实现这些任务，就要加强动物检疫工作，最大限度地控制动物疫病的危害，确保上市动物和动物产品的健康无疫。动物检疫工作的成效，既关系到动物疫病的控制，又关系到肉、蛋、奶等上市畜产品的安全，关系到畜产品的生产和消费。所以,动物检疫是保护畜牧业和人体健康的基础工作,必须引起足够的重视。

二、动物检疫的主要任务

动物检疫的任务可以归结为以下两条。

(一)及时发现和处理染疫动物及产品,消除疫源,切断动物疫病的传播　动物检疫,实质上是在动物和动物产品进入市场或更换场所时设置的一个关卡,只要有动物或动物产品的移动发生,就要先在这里接受检疫,获得通行证。对染疫动物及产品来说,动物检疫可以尽早发现,尽快处理,把动物疫病的危害减少到最低限度。

(二)确保合格的动物及产品的流通,保障人民生活需要　动物产品是否安全,疫病问题是极为重要的方面。在农业部已经发布的157种动物疫病中,人兽共患病占很大比例,通过检疫,可以排除染疫动物及产品,保证合格的动物及产品顺畅流通,反过来又可促进畜牧业的发展。

动物检疫两大任务的实现,客观上会保护畜牧业的发展,保障人体健康。

第五节　动物检疫的分类

根据不同的分类方法,可以对动物检疫进行分类,以便于突出重点,落实动物检疫措施。我们认为,应当主要根据检疫实施的场点或环节进行分类。按照实施环节,可分为产地检疫和屠宰检疫两类,现简单介绍如下。

一、产地检疫

是指官方兽医对出售和调运离开产地前的动物、动物产品实施的检疫。国家实行动物检疫申报制度。按照农业部的规定，下列动物、动物产品在离开产地前，货主应当按规定时限向所在地动物卫生监督机构申报检疫。

第一，出售、运输动物产品和供屠宰、继续饲养的动物，应当提前 3 天申报检疫。

第二，出售、运输乳用动物、种用动物及其精液、卵、胚胎、种蛋，以及参加展览、演出和比赛的动物，应当提前 15 天申报检疫。

第三，向无规定动物疫病区输入相关易感动物、易感动物产品的，货主除按规定向输出地动物卫生监督机构申报检疫外，还应当在起运 3 天前向输入地省级动物卫生监督机构申报检疫。

第四，合法捕获野生动物的，应当在捕获后 3 天内向捕获地县级动物卫生监督机构申报检疫。

第五，屠宰动物的，应当提前 6 小时向所在地动物卫生监督机构申报检疫；急宰动物的，可以随时申报。

动物卫生监督机构受理检疫申报后，应当派出官方兽医到现场或指定地点实施检疫；不予受理的，应当说明理由。产地检疫是动物检疫的基础环节，是控制动物疫病传播，最大限度减少疫情危害的关键措施。

二、屠宰检疫

是指官方兽医在屠宰厂（场、点）对屠宰动物实施的检疫。屠宰检疫包括对动物宰前进行的活体健康检查（宰前检疫）和对动物屠宰后的肉、脂、脏器、头蹄等的检疫（宰后检疫）两个部分。屠宰检疫实行驻场（厂、点）检疫，即县级动物卫生监督机构依法向屠宰场（厂、点）派驻（出）官方兽医实施检疫。为保证屠宰检疫的质量，屠宰场（厂、点）应当提供与屠宰规模相适应的官方兽医驻场检疫室和检疫操作台等设施。官方兽医应当按照农业部规定，在动物屠宰过程中实施全流程同步检疫和必要的实验室疫病检测。出场

（厂、点）的动物产品应当经官方兽医检疫合格，加施检疫标志，并附有《动物检疫合格证明》。为了确保肉类等动物产品的安全卫生，进入屠宰场（厂、点）的动物应当附有《动物检疫合格证明》，并佩戴有农业部规定的畜禽标识。官方兽医应当查验进场动物附具的《动物检疫合格证明》和佩戴的畜禽标识，检查待宰动物健康状况，对疑似染疫的动物进行隔离观察。

正常情况下的动物检疫主要是上述两类，作为前者的补充，还有补检和重检两种检疫。所谓补检，指对已经进入流通、调运，但尚未出售的、未经检疫的动物、动物产品实施的检疫。所谓重检，是指对证物不符、检疫合格证明失效的动物、动物产品实施的检疫。补检、重检的结果处理，与正常情况下的检疫有所不同，对合格的，出具检疫合格证明；对不合格的，按照规定实行无害化处理。同时，还要依据《动物防疫法》及配套法规做出处罚。

第二章　动物检疫方法

动物检疫方法就是兽医学中诊断动物疫病的基本方法。它包括动物流行病学调查法、临诊检疫法、病理学检查法、病原学检查法和免疫学检查法5种方法。这些方法并非在检查每一种疫病时都要用上，而是根据不同的情况，应用其中几种方法。

第一节　流行病学调查法

动物检疫中进行流行病学调查，主要是摸清疫病的流行规律和提供疫病的分布情况。官方兽医应深入现场，经过仔细观察和调查，获得第一手资料，再经过认真的分析，为正确诊断提供有价值的资料。在进行调查时，必须着重调查以下几个方面。

一、当前疫病流行情况

查清发病时间、地点、蔓延过程以及该病的流行范围和空间分布情况。查清疫病流行区域内各种动物的数量及分布情况，发病动物的种类、数量、性别、年龄、感染率、发病率和死亡率。

二、疫情来源调查

本地过去是否发生过类似的疫病，若发生过要查清是何时何地发生，流行情况如何，是否经过确诊，有无历史资料存查，何时采取何种防治措施，效果如何。如本地未发生过，附近地区是否发生；这次发病前，是否从外地引进动物和动物产品或饲料，输出地是否有类似疫病存在。

三、传播途径调查

查清当地各种畜禽的饲养管理情况，防疫情况，畜禽流动及收购情况，当地助长或控制疫病传播因素的情况及发病地区的地形、交通、昆虫等自然情况。

四、一般情况调查

当地群众生产、生活活动的基本情况和特点，当地主要领导、有关干部、兽医及有关人员对疫情的态度。

五、产地、市场、运输、屠宰几个检疫环节的调查

生产地动物来源、品种、年龄、性别、产地检疫情况，动物免疫接种情况；收购地有无疫情；收购、集中、圈养和中转过程中有无发病或死亡，何时何地经过检疫；运输时运出时间、运输方式、运输中的饲养情况如何，途中畜禽是否健康，途经的地点，沿途有无疫情。

六、统计学方法调查

在调查时，可应用统计学方法统计疫情。必须对所有的发病动物数、死亡动物数、屠宰头数以及预防接种头数等加以统计、登记和分析整理。

调查完毕，应讨论和评定收集的全部资料，以便做出相应的结论（关于传染源和传播媒介等），提出预防和消灭传染病的计划建议。

流行病学分析是应用流行病学调查材料来揭示传染病流行过程的本质和有关因素。把调查的材料，经过去粗取精，去伪存真，进行加工整理，综合分析，得出流行过程的客观规律，并对有效措施做出正确的评价。流行病学调查为流行病学分析积累材料，而流行病学分析从调查材料中找出规律，同时为下一次流行病学调

查提出新的任务，如此循环不已，以指导防疫实践。

在流行病学分析中常用的频率指标有下列几种。

感染率：特定时间内，某疫病感染动物的总数在被调查（检查）动物群体样本中所占的比例。

感染率＝（调查当时）感染动物数/被调（检）查动物总数×100％

发病率：在一定时间内新发生的某种动物疫病病例数与同期该种动物总头数之比，常以百分率表示。

发病率＝新发病例数/同期平均动物总头数×100％

病死率：一定时间内某病病死的动物头数与同期确诊该病病例动物总数之比，以百分率表示。

病死率＝某病病死动物头数/同期确诊的该病例动物总数×100％

死亡率：某动物群体在一定时间死亡总数与该群同期动物平均总数之比值，常以百分率表示。

死亡率＝（一定时间内）动物死亡总数/该群体动物的平均总数×100％

患病率：又称患率，表示特定时间内，某地动物群体中存在某病新老病例的频率。

患病率＝（特定时间某病新老）患病例数/（同期）暴露（受检）动物头数×100％

流行率：调查时，特定地区某病（新老）感染动物数占被调查动物数的百分率。

流行率＝某病（新老）感染动物数/被调查动物数×100％

第二节　临诊检疫法

临诊检疫是动物检疫最基本的方法，它是利用人的感官或借助一些简单的器械，如体温计、听诊器等，直接对动物外貌、动态、排泄物、体温、脉搏及呼吸等进行检查，通过对动物进行的群体检疫和个体检疫，以及发现某些症状，结合流行病学调查资料，做出初步的检疫结论。

在临诊检疫中，应遵循先群体检疫、后个体检疫的原则。

一、群体检疫

群体检疫是指对待检动物群体进行现场临诊观察，其目的是通过动物群体症状的观察，对整群动物的健康状况做出初步评价，并从群体中把病态动物挑出来，做好病号标记，留待进行个体检疫。

群体检疫可将同一地区来源的畜群划为一群，或将同一批动物作为一群，或将一圈、一舍的动物作为一群。禽、兔、犬还可按笼、箱、舍划群。运载动物检疫时，可登车、船、机舱进行群体检疫，或在卸载后集中进行群体检疫。

群体检疫一般采用静态、动态、饮食状态检查法，即所谓“三态”检查法。

（一）静态检查 在动物处于安静休息状态下悄悄接近（不要惊扰它们，以防自然状态消失），检查其精神状况、外貌、营养、立卧姿势、呼吸、反刍状态、羽、冠、髯等，观察有无咳嗽、喘息、呻吟、嗜睡、流涎、孤立一隅等情况，从中发现并筛选出可疑患病动物。

（二）动态检查 先看动物的自然活动情况，然后看驱赶时的活动情况，检查运动时头、颈、腰、背、四肢的运动状态，有无行动困难、跛行掉队、离群和运动后呼吸困难等情况，把表现异常状态的动物检查出来。

（三）饮食状态 在动物自然采食、饮水或者只给少量食物及饮水时进行观察，检查饮食、咀嚼、吞咽时反应状态。同时，应检查排便时的姿势，粪便和尿液的质度、颜色、混合物、气味，把不食、不饮、少食、少饮或有异常采食、饮水表现的，或有呕吐、流涎、中途退槽等情况的动物筛选出来。

经上述检疫发现有异常现象的动物，应标上记号，予以隔离，留待进一步检查。

二、个体检疫

个体检疫则是对群体检疫时检出的可疑病态动物，进行进一步详细的个体临床检查。个体检疫的目的是初步判定该动物是否患病（尤其是是否患有规定检疫的疫病），然后再根据具体情况进行实验室检疫。

个体检疫的方法以体温检测、视诊和触诊为主，必要时进行听诊和叩诊。

（一）体温检测 各种健康动物的体温都有一定的正常范围，体温不正常是动物对内外因素的反应。体温的变化对畜禽的精神、食欲、心血管及呼吸系统等都有明显的影响。体温显著升高的动物，一般都视为可疑患病动物。如果怀疑是由于运动、暴晒、运输及拥挤等应激因素导致的体温升高，应让动物充分休息后（一般休息 4 小时）再测体温。

健康畜禽的正常体温、脉搏、呼吸数见表 1 所示。

表 1 健康畜禽正常体温、脉搏、呼吸

畜禽种类	体温(℃)	脉搏(次/分)	呼吸(次/分)
马	37.5～38.5	30～45	8～16
黄 牛	37.5～39.5	40～80	10～25
水 牛	37.5～39.5	40～80	10～20
羊	38～39.5	60～80	10～25
猪	38～39.5	60～80	10～20
兔	38～39.5	120～140	50～60

续表 1

畜禽种类	体温(℃)	脉搏(次/分)	呼吸(次/分)
鸡	40～42	120～200	15～30
鸭	41～43	140～200	16～28
鹅	40～43	120～160	12～20
犬	37.5～39	70～120	10～30
猫	38.5～39.5	110～120	20～30

(二)视诊　检查精神外貌、营养状况、起卧运动姿态、反刍,以及皮肤、被毛、羽毛、冠、髯、呼吸、可视黏膜、天然孔、鼻镜、粪便、尿液等。

(三)触诊　触摸皮肤(耳根)温度、弹性,胸廓、腹部敏感性,体表淋巴结的大小、形状、硬度、活动敏感性,嗉囊内容物性状等。必要时进行直肠检查。

(四)叩诊　叩诊心、肺、胃、肠、肝区的音响、位置和界限,胸、腹部敏感程度。

(五)听诊　听叫声、咳嗽声、心音、肺泡气管呼吸音、胃肠蠕动音等。

第三节　病理学检查法

患各种疫病而死亡的动物尸体,多呈现一定的病理变化,可作为诊断的依据之一。如发生猪瘟,其体内的病理变化就有很大的诊断价值。对死因不明的动物尸体或临床上难以诊断的疑似患病动物,必要时可进行剖检病理学诊断。病理学检查,可分为病理解剖学检查和病理组织学检查两种方法。

一、病理解剖学检查法

病理解剖学检查主要是应用病理解剖的知识，对畜禽进行解剖，查看其病理变化。在进行动物尸体剖检以前，首先要了解情况，如尸体来源、病史、临床症状、治疗经过和临死表现等，然后检查尸体体表，根据所得情况，大体判定是普通病或传染病。剖检时应多查几头（只），选择症状较典型的病例进行，那些可疑为恶性传染病的尸体，如用其他诊断技术能够确定，则不必剖检，如炭疽。对于剖检得不到结论的，可按要求无菌操作，采集病理材料送实验室做病理组织学、病原学检查。病理解剖学检查的内容主要包括体表检查和内部检查两方面。

（一）体表检查 尸体的体表检查应在尸体解剖前进行。检查时应先查明动物的标志，注意畜别、品种、性别、年龄、毛色、体重及营养情况，然后再进行死后征象、天然孔、皮肤和体表淋巴结的检查。同时，必须结合临床症状中所出现的形态变化进行观察。

1. 营养状况 检查畜禽尸体的肌肉发育和皮下脂肪蓄积情况。

2. 天然孔及可视黏膜 天然孔检查应注意口、鼻、眼、肛门、生殖器有无出血或血液凝结现象，分泌物、排泄物和渗出物的情况。

可视黏膜应注意以上天然孔黏膜色泽、出血、水疱、溃疡、黄疸、结节和假膜等病变。

3. 皮肤 皮肤检查应注意皮肤的色泽变化、充血、出血、创伤、炎症、溃疡、结节、脓疱、肿瘤、水肿、气肿、寄生虫等。

4. 死后征象 动物死后会发生尸冷、尸僵、尸斑、腐败等现象，这些现象大致可以断定动物死亡的时间和死亡位置。

（1）*尸僵* 动物死后尸体呈现僵硬状态。死于败血症、中毒的动物，尸僵大多不明显。

(2)尸斑　在动物尸体剥皮后,其死亡时着地的一侧皮下常呈青红色,用手指压后红色消退。

5. 淋巴结　检查淋巴结有无肿大发硬、淋巴管肿胀变粗等。

(二)内部检查

1. 皮下组织的检查　检查皮下组织有无出血、水肿、气肿、胶样浸润,体表淋巴结变化,脂肪和肌肉变化及血液凝结情况等。

2. 腹腔的检查　查看腹腔有无气体、渗出液、胃肠内容物、血液、脓液、尿液、肿瘤和寄生虫等。此外,检查腹腔脏器的位置和腹膜是否光滑,有无充血、出血、粘连等。

3. 胸腔的检查　检查胸腔脏器的位置和胸膜的性状,注意有无渗出物、血液、脓液、异物、寄生虫及浆膜上的出血、肥厚、增生和粘连等情况。

4. 脏器的检查

(1)脾的检查　先检查脾门淋巴结,再检查脾脏大小、形状、色泽及脾的硬度和边缘厚薄,切开查内部变化,注意肿大、梗死、出血等情况。

(2)胃的检查　先检查胃的大小,胃浆膜面的色泽,有无粘连,胃壁有无破裂、穿孔等。然后再剖开检查胃黏膜和内容物的性状、气味,是否有发炎、出血、溃疡、寄生虫和其他病变。

(3)肠的检查　先检查肠系膜淋巴结和浆膜的变化。肠黏膜及内容物的检查项目同胃。

(4)肝的检查　先检查肝门淋巴结,肝脏大小、形状、色泽、重量及弹性。然后切开检查肝的切面和胆管,注意有无出血、变性、坏死和硬结节等。同时,还应检查胆囊大小和胆汁的性状。

(5)胰脏的检查　先检查胰脏的色泽和硬度,然后沿胰脏的长径做切面,检查有无出血和寄生虫。

(6)肾的检查　检查肾的大小、形状、色泽、韧度,切开检查内部有无肿大、充血、出血、贫血、化脓、坏死及质脆等病变。

(7)心脏的检查　检查心包囊有无出血、炎症、肥厚、粘连。剥开心包囊后检查心外膜有无出血，心脏的色泽及其形状如何。再剖开心脏，检查瓣膜、心内膜和心肌，注意瓣膜是否肥厚，有无疣状物；猪、牛心肌有无虎斑纹；猪、牛、羊的心肌有无囊尾蚴。

(8)肺的检查　检查肺的大小，肺胸膜的色泽，有无出血和炎性渗出物等。然后检查肺叶有无硬块、结节和气肿，再查肺门淋巴结性状，而后剪开气管，切开肺脏，检查气管黏膜、渗出物、有无肺实质变化。注意肺脏有无出血点、粘连、大理石变、肉变、结节及气管内是否有出血和渗出物等。

(9)膀胱的检查　先检查外部形态，切开检查尿液色泽、尿量及膀胱黏膜有无出血、血尿、脓尿等。

(10)子宫的检查　注意子宫内膜色泽，有无充血、出血及炎症等。

(11)睾丸的检查　检查睾丸的大小、外形和重量，切开睾丸和附睾查看切面颜色、温度和硬度，有无出血、化脓或坏死灶。

5. 口腔、鼻腔及颈部器官的检查　口腔、颈部检查舌、喉、扁桃体、气管、食道等。注意舌有无水疱、烂斑，扁桃体溃疡，喉头出血点、溃疡，气管黏膜出血点、溃疡、结节，食道黏膜溃疡、假膜、增生物等。

鼻腔检查鼻黏膜的色泽，有无出血、炎性水肿、结节、糜烂、溃疡、穿孔及瘢痕，鼻甲骨是否萎缩等。

6. 脑的检查　检查其重量、体积、形态和切面情况。注意脑的充血、出血、炎症和寄生虫等。

7. 肌肉的检查　检查肌肉的色泽，有无出血、变性、脓肿、寄生虫及结节等。

进行尸体剖检时，要真实记载剖检时的病理变化，内容简洁、具体，不要抽象。剖检记录要写清解剖时间、地点，动物来源、种类、性别、年龄、品种、毛色、用途、死亡日期、病史等，还要记录体表检查和内部检查的病理变化及综合诊断、结论等内容。

另外，需要特别注意在运送尸体及剖检时，应防止疫源扩散，剖检前后应严密消毒，观察时应保持脏器原貌，检查完毕尸体及残留物应消毒后销毁，衣着、用具及场地均应进行消毒。

二、病理组织学检查法

对肉眼看不清楚或疑难疫病，病理剖检难以得出初步结论时，可采取病料送实验室做组织切片，在显微镜下检查，观察其细微的组织学病理变化，借以帮助诊断。

在动物检疫实践中最常用的主要有石蜡包埋切片法和冰冻切片法。

(一)石蜡包埋切片法　这是研究病理组织学最普遍采用的一种方法，也是最古老、最经典的方法。病变组织经过固定、水洗、脱水、透明后，在温箱里浸于熔化的石蜡中，并用石蜡包埋，粘到木块上，放到切片机上切成薄片，然后进行染色并用树胶封存。

(二)冰冻切片法　病变组织材料经过固定，水洗后用明胶糖液处理，然后置于冰冻切片机的冷台上，台下通以压缩的二氧化碳、氯乙烷或应用半导体制冷调节器，使组织冻结，进行切片。

第四节　病原学检查法

利用兽医微生物学的方法，查出动物疫病的病原体，这是诊断动物疫病的一种比较可靠的诊断方法。它是诊断疫病的一个主要环节，在拟定检疫方案和分析检疫结论时，必须结合疫病的流行病学、临床症状和病理剖检变化等，加以全面考虑。

一、病料的采集

(一)病料采集的要求　第一，应做到无菌，避免外源性污染。

采取病料所用的刀、剪子、镊子等器械及容器必须是经过消毒无菌的；第二，时间要及时，一般动物死后不得超过4小时（尤其在夏季），否则尸体腐败，难以采到合格的病料；第三，病料应在使用治疗药物前采取，用药会影响病料中微生物的检出；第四，采取的病料必须有代表性，采取的组织器官应病变部位明显；第五，病料采集后，严格按要求包装，立即送检。

（二）病料的选择 各种疫病的病原体在动物体内存在的部位不同，所以采集病料须按病选择、多处采集，原则上要求病原微生物含量多、病变部位明显，同时易于采集，易于保存和运送。

（三）各种病料的采集

1. 内脏及淋巴结 在病变严重的部位无菌采集病料一小块（不小于1厘米^2），分别放置于灭菌平皿、试管或小瓶中。

2. 脓液、渗出液 可用灭菌的注射器，抽取未破溃的脓肿深部脓液，再注入灭菌细玻璃管中，然后将末端熔封，并做好标记，用棉花包好，亦可直接放入灭菌试管中，用棉卷封口。对化脓灶或渗出液，可用灭菌脱脂棉球浸蘸后，放入试管中送检。

3. 肠内容物 用烧红的废刀片或火焰将肠管表面灭菌，再剪一小孔，用灭菌棉棒伸入肠内，采取肠内容物，放入灭菌试管中。也可将肠内容物直接放入灭菌容器内。

4. 肠 将约10厘米长的肠管两端结扎，在结扎线外端3厘米处剪断，放入灭菌容器中。

5. 皮肤 选择病变最明显及褪色部分较少的地方切成块状（10厘米×10厘米），放于灭菌容器中。

6. 血液

（1）血清 静脉采血5～10毫升，注入试管内，注入时不能产生气泡，不冻结，待血清析出后，再吸取血清置于另一试管或小瓶中。如供血清学检查可加入5%石炭酸溶液1～2滴。

（2）全血 用20毫升注射器，先吸取5%柠檬酸钠溶液1毫升，然后从静脉采血10毫升，混匀后注入试管或小瓶中。死后采血，剖开胸部后，用灭菌注射器或吸管刺入右心房吸取少量血液，注入有少许5%柠檬酸钠溶液的灭菌试管中。

(3)血片 采取末梢血液、静脉血或心血涂片数张。

7. 脑、脊髓 取出脑，一半放入10%甲醛溶液瓶内，做病理组织学检查用；一半放入50%灭菌甘油生理盐水瓶内，做微生物检查。

8. 小家畜、家禽 可整个包装送检。

9. 粪便、尿液 粪便可由直肠内采取，放入灭菌试管中；尿液可用无菌手术取10毫升置于灭菌试管中。

(四)病料的保存 采集的新鲜病料最好不加任何保存液，立即送检。若不能在短时间内送达，尤其在夏季，应加入适当的保存液并置于冰瓶中送检。

1. 细菌性检验材料 液体病料在容器口加橡皮塞或软木塞，然后用蜡封固；组织块则保存于饱和盐水或30%甘油缓冲液中，容器加塞封固。

2. 病毒性检验材料 一般保存在50%甘油生理盐水溶液中。病理组织学材料采后应立即放入10%甲醛溶液或95%酒精中，保存液用量应为病料体积的10倍以上。

3. 血清学检验材料 一般在每毫升血清中，可加入5%石炭酸溶液1滴防腐，低温保存，但不能冻结。

(五)病料的运送 运送病料前必须对病料进行包装，并在包装容器上贴上标签、编号，并详加记录。

一般材料在运送时将容器口封固，放入塑料袋扎紧，各种涂片一张张用纸包扎在一起，然后装箱，箱内空隙填满填充物，标明上下方向，防止倒置。

怀疑是危险传染病的病料，须由专人送检。

血清、病理组织等检验材料注意防冻。病料采集后要尽快送检,途中最好采取低温措施,避免接触高温和阳光,同时注意严防容器破损。

在运送检验材料的同时,必须附一份详细说明书,注明检验目的、动物的年龄和性别、疫病发生地点和时间、发病数、死亡数、病历及剖检记录、怀疑为何种疫病、取材部位和取材日期、材料处理经过以及寄件人姓名、地址、单位名称、送检日期等,作为实验室检验人员的参考。

二、细菌性疫病的病原学检查法

病原菌的鉴定,通常是依据该菌的形态、生化反应、抗原性等进行检查。

(一)病原菌的形态学观察 细菌形态上的差别比较容易观察出来,常依据形态特点进行纲、目、科的分类,甚至分到属。病原菌形态学观察包括显微镜下菌体的形态学观察和培养菌落的形态学观察两个方面。

1. 显微镜下菌体的形态学观察要点 主要是通过染色、镜检,观察菌体的形状、大小和排列规律;注意是否产生芽孢和芽孢生长的位置;注意染色反应,有无荚膜、鞭毛、菌毛等。细菌尽管种类繁多,但就单个菌体而言,根据其外部形态,可分为球菌(包括单球菌、双球菌、链球菌、四联球菌、八叠球菌、葡萄球菌)、杆菌和螺形菌(包括弧菌、螺菌)三大类。

(1)染色程序

①涂片 首先准备一张洁净的玻片,如玻片不洁,可用清水冲洗后,再用纱布蘸95%酒精擦净。检样为血液、体液及乳汁等时,可用接种环取样涂于玻片中央,使其成为均匀的薄层。检样若为培养的菌落、脓液和粪便时,则事先在载玻片上加1滴生理盐水,再用接种环取少许待检样放于液滴中混合,在玻片中部涂一大小适宜的薄层。对于脏器病料,可取一小块,用其新鲜切面在玻片上

触压或涂抹一薄层。

②干燥　上述涂片的标本，在室温中自然干燥。如需加速干燥，可在火焰上方的热空气中加温干燥，但切勿在火焰上直接烘烤，以免标本被烤焦。也可将标本放在37℃培养箱内，加速水分的蒸发。

③固定　涂片干燥进行固定。固定的目的在于使细菌的细胞质凝固，杀死细菌，并使菌体牢固地黏附于玻片上。细胞质凝固后，就能改变菌体对染料的通透性。一般来说，活的细菌往往不让染料透入细胞内。理想的固定方法要能保存细菌原来的形态，防止菌体膨胀或收缩，避免自溶，使细菌更坚硬些，保护可能被染色剂溶解的细胞物质。固定的方法有以下两种。

火焰固定：细菌培养的涂片常用火焰固定。将玻片的涂抹面向上，使其背面在酒精灯的火焰上通过几次，以玻片背面触及皮肤有热感不烫为度。

化学固定：组织涂片的化学固定常用甲醇固定，将标本浸入甲醇中2～3分钟，或在涂片上滴几滴甲醇，作用2～3分钟，自然干燥即可。

④染色　染色有单染和复染两种方法。运用一种染料进行染色的方法为单染法，如美蓝染色法；运用2种或2种以上的染料或再加媒剂的染色方法称为复染法，或鉴别染色法，如革兰染色法和抗酸染色法。

(2)常用染色液的配制

①草酸铵结晶紫染色液　取结晶紫饱和酒精溶液2毫升，加蒸馏水18毫升，再加入1%草酸铵水溶液80毫升，混合过滤即成。

②革兰碘溶液　取2克碘化钾置于乳钵中，加蒸馏水约5毫升，使之完全溶解。再加1克碘片，研磨，并加水。待完全溶解后，置于瓶中，加蒸馏水至300毫升即成。可保存6个月，产生沉淀或

褪色后即不能使用。

③沙黄水溶液　将沙黄饱和酒精溶液用蒸馏水做10倍稀释即可。保存期不超过4个月。

④稀释石炭酸复红染液　取3%复红酒精溶液10毫升，加入5%石炭酸水溶液90毫升，混合过滤，然后再用蒸馏水做10倍稀释即成。

⑤碱性美蓝染色液　取美蓝饱和酒精溶液30毫升，加入0.01%氢氧化钾水溶液100毫升混合即成，此液密闭可长期保存。

⑥姬姆萨染色液　取姬姆萨染料，加入50毫升甘油中，置于55℃～60℃水浴箱中作用2小时后，加入甲醇50毫升，静置1天以上，过滤后即可应用。

(3)常用的几种染色方法

①革兰染色法　在已干燥、固定好的抹片上，滴加草酸铵结晶紫染色液，经1～2分钟，水洗。

加革兰碘溶液于抹片上，作用1～3分钟，水洗。

加95%酒精于抹片上脱色，0.5～1分钟后，水洗。

加稀释石炭酸复红(或沙黄水溶液)复染0.5～1分钟，水洗。

吸干或自然干燥，镜检。革兰阳性菌呈蓝紫色，革兰阴性菌呈红色。

②美蓝染色法　在已干燥、固定好的抹片上，滴加适量的(足够覆盖涂抹点即可)美蓝染色液约2分钟。

水洗，干燥(可用吸水纸吸干，或自然干燥，但不能烤干)。

镜检，细菌荚膜呈红色，菌体呈蓝色，异染颗粒呈淡紫红色。

③萋-尼氏抗酸染色法　在已干燥、固定好的抹片上，滴加较多量的石炭酸复红染色液，在玻片下以酒精灯火焰微微加热至产生蒸汽为度(不要煮沸)，维持微微发生蒸汽约5分钟。水洗。

用滴管滴加20%硫酸(或3%盐酸酒精)脱色，至标本红色脱完为止，充分水洗。

以95%酒精溶液处理2分钟，水洗。

用碱性美蓝染色液复染约1分钟，水洗。

吸干，镜检，抗酸性细菌呈红色，非抗酸性细菌呈蓝色。

④姬姆萨染色法　抹片经甲醇固定（一般需2～3分钟），干燥后在其上滴加足量染色液（或将抹片浸入盛有染色液的染色缸中），染色10～30分钟。

水洗，吸干或烘干，镜检，细菌荚膜呈淡紫色，菌体呈蓝色，视野常呈红色。

2. 菌落的形态学观察要点　细菌在液体培养基中生长后，常呈现均匀混浊、沉淀或形成菌膜3种不同情况。

细菌接种在固体培养基上经过一定时间培养后，则在培养基表面出现肉眼可见的单个细菌集团，称为菌落。在一般情况下，一个菌落是一个细菌繁殖的后代，故可利用固体培养基，使细菌长成单个菌落来分离细菌，计算标本中细菌的数目等。每种细菌的菌落都有一定的特征，如大小、隆起度、表面的性质、光泽、色素的产生、边缘的形状等。

用穿刺接种方法，将细菌接种在半固体培养基中，具有鞭毛能运动的细菌，则沿穿刺线扩散生长。若无鞭毛，不能运动，则只能沿穿刺线生长。

不同种类的细菌，在各种培养基上，表现出各自的生长特性。利用细菌的生长特性，有助于区分和鉴别细菌的种类。

（二）病原菌的生化试验　相近的菌种单凭形态学检查不易区别，但是不同菌类的新陈代谢产物不同，可以检查其代谢产物，从而进行区别。因此，用生化反应检查细菌的代谢产物，是鉴别病原菌的重要方法之一。通常根据细菌的生化特性鉴别到种。

常用的生化反应有糖发酵试验、靛基质试验、VP试验、明胶液化试验、尿素酶试验及牛奶试验等。

（三）血清学试验　细菌的细胞、鞭毛、荚膜以及毒素，都含有各种各样的抗原物质，这些抗原物质在血清学反应上是特异的。通过血清学试验可进行细菌属内分群和种内分型。所以，血清学试验也是鉴别病原菌的重要方法之一。

根据属、种内各种菌能不能发生某血清学反应而分群或型。能与某一已知阳性血清发生反应的菌种称为一群或一型，与另外一已知阳性血清发生反应的菌种称为另一群或另一型。这样，可以把属内或种内抗原结构不同的病原菌分为若干群或型，这种群或型称为血清群或血清型。

常用于菌种鉴别的血清学方法有凝集试验、沉淀试验、毒素中和试验、补体结合试验等。

三、病毒性疫病的病原学检查法

病毒性疾病的实验室诊断，不同于细菌性疾病，前者的要求高。对于分离病毒，纯化病毒，并直接观察其形态、大小和排列方式，以及进行其他理化特性（如浮密度、沉降系数、分子量和病毒颗粒的细微结构等）的研究，除需要有高级的设备（如电子显微镜、超速离心机、超薄切片机、超低温冰箱、微量分析天平以及其他进行微量分析的测定分子量的高精仪器等）以外，还需要对病毒检验技术非常熟练的工作人员。

（一）病毒的分离培养鉴定 病毒的初步鉴定，主要是在详细调查流行病学的基础上，有目的地采取病料，有针对性地接种易感实验动物、禽胚胎和易感组织细胞，初步鉴定分离培养的病毒。如进行氯仿、酸、热敏感性试验及阳离子稳定性试验等，可以了解已分离病毒的某些理化特性，然后测定已分离病毒的凝血性质和红细胞吸附特性。必要时还可用电子显微镜观察已分离病毒的形态。

（二）病毒的血清学鉴定 在初步分离鉴定的基础上，采用血清学试验方法鉴定病毒的种类。常用的血清学鉴定方法有中和试验、补体结合试验、红细胞凝集抑制试验、间接血凝试验、免疫扩散试验、免疫荧光抗体技术、免疫酶标记和实验交叉保护试验等。

四、寄生虫性疫病的病原学检查法

动物寄生虫性疫病的病原检查，通常采用寄生虫虫卵及幼虫检查法和寄生虫体检查法。

(一)寄生虫虫卵及幼虫检查法　寄生虫虫卵形态检查常采取粪便，用直接涂片、浓聚等方法确诊。寄生虫虫卵计数可对寄生虫的寄生量有一个大致判断。某些不易根据虫卵形态确诊的寄生虫病，可用幼虫分离、培养法检查。

1. 直接涂片法　首先在载玻片上加50%甘油水溶液或常水数滴，再以火柴或小木棒取粪便一小块，与载玻片上的液体混匀，去掉粪渣，将已混匀的粪便溶液涂成薄膜，薄膜厚度以能透视书报上的字迹为度，然后加盖玻片置于低倍镜下镜检。但是检查原虫的滋养体，必须用生理盐水进行稀释，不应加甘油，否则会影响其运动而妨碍观察。此法简便易行，但检出率低。在虫卵数量不多时，每次必须制作3～5片进行检查，才可收到比较好的效果。

2. 浓聚法　浓聚法是利用虫卵或卵囊和粪渣中其他成分的比重差别，将较多粪便中的虫卵或卵囊相对集中浓聚于一定范围内，易于检出，故检查的阳性率比直接涂片法高。浓聚法又分沉淀法和浮聚法。

(1)*沉淀法*　利用虫卵的相对密度大于水的特性，取粪便5～10克置于烧杯或其他容器内，先加常水少量，充分搅拌将粪便捣成糊状，再加常水适量继续搅拌，通过粪筛或双层纱布滤到另一个容器内，然后加满常水，静置15～20分钟，再倒去上清液。如此反复水洗沉淀数次，直到上层液体透明为止。最后倒去上清液，用皮头吸管吸取沉渣1滴滴于载玻片上，加盖玻片镜检。此法可用于检查各种寄生虫的虫卵和卵囊。

(2)浮聚法　利用相对密度大于虫卵的溶液与粪便混匀,静置30分钟,使虫卵集中于液面。液面虫卵可用直径在5毫米以内的铁丝环蘸取,或静置前即以载片或盖片容器口与液面接触,静置后取下载片或盖片镜检。如先以筛滤法除去粗渣再倾去多余的液体,再行漂浮则效果更好。容器要求深而口小,容积不可过大。取粪便的量视容器大小而定,漂浮液的量约为粪便量的10倍。在实际工作中应用广泛的漂浮液为饱和食盐溶液(在沸水100毫升中加食盐38克,使其溶解,以纱布过滤冷却后,如有结晶析出即成饱和溶液,其相对密度为1.18)。其他漂浮液还有饱和硫代硫酸钠溶液、饱和硫酸镁溶液和硝酸铅溶液等。

浮聚法可使虫卵和卵囊高度浓集,缺点是不太适用于吸虫卵的检查。饱和食盐水溶液相对密度过小,不能漂浮吸虫卵;相对密度更大的漂浮液虽可浮起吸虫卵,但虫卵往往瘪陷、变形,不易辨认。

以上沉淀法或浮聚法,均为使粪液静置待其自然下沉或上浮。如欲节省时间,可将上述粪液置于离心管内,在离心机内离心,可加强和加速其沉浮的过程。

(二)虫卵及卵囊计数　虫卵计数法是测定每克家畜粪便中的虫卵数,以此推断家畜体内某种寄生虫的寄生数量;也可用于进行使用驱虫药前后虫卵数量的对比,以检查驱虫效果。

虫卵计数所得数字,受很多因素影响,因此只能对寄生虫的寄生量进行大致的判断。影响虫卵计数精确性的因素,首先是虫卵在粪便内的分布不均匀,因此我们测定少量粪便内的虫卵量以推算全部粪便中的虫卵总量就不会准确;此外,寄生虫的年龄、宿主的免疫状态、粪便的浓稠度、雌虫的数量、驱虫药的服用等很多因素,均影响排出虫卵的数量和体内虫体数量的比例。虽然如此,虫卵计数仍常作为某种寄生虫感染强度的指标。虫卵计数的结果,常以每克粪便中虫卵数(简称e. p. g)表示。

(三)幼虫分离、培养检查法 有一部分蠕虫(如牛、羊网尾线虫)随宿主粪便排出时已是幼虫状态,有的线虫(如类圆属线虫)随粪便排出时虽为虫卵,但在较高气温下数小时即孵化为幼虫,虫卵检查方法不能获得满意结果。此外,大部分圆形线虫卵由于形态构造基本相似,依靠虫卵形态鉴定虫种比较困难。所以,必须进行线虫虫卵培养及幼虫分离法发现幼虫。

1. 培养方法 取被检新鲜粪便和水适量塑成半球状(如粪便稀可加适量木炭末),置于衬以滤纸的平皿内,加盖,置于25℃～30℃的室温或恒温箱内孵育 7～10 天,用漏斗幼虫分离法处理,检查有无活动的幼虫。

2. 分离方法

(1)法依德法 又称平皿幼虫分离法。取被检新鲜粪球 3～5 个,放入平皿或表面玻璃中,加 40℃温水至淹没粪球为止,经 5～10 分钟后,除去粪球,用低倍镜或解剖显微镜检查平皿内液体,观察有无活动的幼虫。

(2)贝尔曼法 又称漏斗幼虫检查法。取新鲜粪便 15～20 克,置于直径 10～15 厘米衬以金属筛的漏斗上,漏斗下端套以长 10～15 厘米的橡皮管,末端接 1 根小试管,然后固定于漏斗架上,装置完毕后沿漏斗壁徐徐加入 40℃温水,直至淹没粪球为止,静置 1～3 小时,幼虫即由粪便中游出沉入到小试管底部,然后吸取底部沉淀物镜检。

用以上两种方法检查时,可见到运动活泼的幼虫;如欲致其死亡,做较详细的观察,可在有幼虫的载玻片上,滴加卢戈氏液,则幼虫很快死去,并被染成棕黄色。

(四)寄生虫虫体检查法 寄生虫虫体检查多采用肉眼观察、放大镜观察和显微镜检查等方法。如血液寄生虫应采血染色镜检、组织内寄生虫采取组织镜检、生殖器官寄生虫采取生殖器官刮下物或分泌物压片镜检、外寄生虫采取皮屑镜检等。

1. 血液检查 血液检查用于诊断血液原虫病或丝虫病。血液来源一般为末梢血液。

(1)鲜血压滴标本检查 采鲜血1滴滴于载玻片上,再滴生理盐水1滴,加盖玻片,镜检可见虫体在血液中运动。冬季检查时应将做好的标本片放在手心或火炉旁稍加温,以增加虫体的活动力而便于观察。检查时应使视野中的光线弱些。

(2)薄血片检查 由耳静脉采血1滴,滴于载玻片一端,取另一载玻片将其一端边缘置于血滴前方,使与血滴相接触,待血滴沿边缘展开后,将两载玻片的位置成45°角,并速将后一玻片向前推成薄血膜。待干,以甲醇固定5分钟,再用姬姆萨染液或瑞氏液染色后镜检。

(3)厚血片检查 取血液数滴于载玻片上,取另一玻片的一角端搅匀,涂片为直径1～2厘米的圆形或椭圆形的血膜,等其自然干燥;加蒸馏水于厚血膜上溶去血色素,用水轻轻洗去溶下的血色素,晾干后置于无水酒精或甲醇中固定10分钟,染色镜检。

2. 组织寄生虫检查(以旋毛虫为例)

(1)采样 自胴体两侧的横膈肌脚部各采样1块,记为1份肉样,其质量不少于50～100克,与胴体编成相同号码。如果是部分胴体,可从肋间肌、腰肌、咬肌、舌肌等处采样。

(2)目检 撕去膈肌的肌膜,将膈肌肉缠在检验者左手食指第二指节上,使肌纤维垂直于手指伸展方向,再将左手握成半握拳式,借助于拇指的第一节和中指的第二节将肉块固定在食指上面,随即使左手掌心转向检验者,右手拇指拨动肌纤维,在充足的光线下,仔细检查肉样的表面有无针尖大、半透明乳白色或灰白色隆起的小点。检查完一面后再将膈肌翻转,用同样方法检验膈肌的另一面。凡发现上述小点可怀疑为虫体。

(3)压片 可按下述方法制备压片。

①放置夹压玻片 将旋毛虫夹压片放在检验台的边沿,靠近

检验者。

②剪取小肉样　用剪刀顺肌纤维方向，按随机采样的要求，自肉上剪取麦粒大小的肉样24粒，使肉粒均匀地在玻片上排成一排（或用载玻片，每片12粒）。

③压片　将另一夹压片重叠在放有肉粒的夹压片上，并旋动螺旋，将肉粒压成薄片。

（4）镜检　将制好的压片放在低倍显微镜下，从压片一端的边沿开始观察，直到另一端为止。

（五）动物寄生虫病免疫学检查法　动物寄生虫病除通常运用虫体、虫卵及幼虫检查法确诊外，现在已有不少动物寄生虫病可运用免疫学方法确诊。

第五节　免疫学检查法

免疫学检查法是利用抗原和抗体特异性结合的免疫学反应进行诊断。用于检疫的免疫学检查法主要有血清学检查法和变态反应检查法。

一、血清学检查法

血清学检查法可采用已知的抗体来鉴定未知抗原，当未知病原（抗原）与已知特异性抗体结合后，会表现出可见反应，以这些可见反应来指示被检病原的属、种、型。血清学检查法也可用已知的抗原来检测未知的抗体（血清）。由于血清学试验特异性强，敏感度高，可为确诊提供可靠依据，故在传染病的检疫中被广泛应用。常用的有凝集试验、琼脂凝胶免疫扩散试验、补体结合试验、红细胞凝集试验及中和试验等，还有酶联免疫吸附试验、免疫酶技术、免疫荧光技术、免疫电镜技术、单克隆抗体技术及放射免疫分析等，为动物疫病的检疫开辟了广阔的途径。

二、变态反应检查法

变态反应又称超敏反应，是指在一定条件下，由于机体免疫功能失调，受某种抗原刺激后产生了超越正常范围的特异性抗体或致敏淋巴细胞，当与进入机体的相应抗原再次相遇时，便可发生异常的生物学效应，从而引起组织损害或功能紊乱的一种免疫病理性反应。如果反应严重，出现临床症状者，则称为变态反应性疾病。

引起变态反应的抗原物质统称为变应原或过敏原，它们可以是完全抗原，如微生物、寄生虫、异种动物血清等，也可以是半抗原，如青霉素、磺胺、奎宁等。它们可以是外源性的，也可以是内源性的，如由某些药物与体内某些成分结合而形成的自身变应原，或由于物理、化学、生物等作用引起自身组织理化性质改变而成为自身变应原等。

第三章　产地检疫

第一节　产地检疫的基本原理

一、产地检疫的概念、法律依据、作用及其特点

(一)产地检疫的概念　产地检疫是指对县境内流动的动物，在离开饲养生产地之前所实施的检疫，即到场、到户、到指定的产地检疫。它是一项基层检疫工作，是其他各项检疫工作的基础。

(二)产地检疫的法律依据和作用

1. 产地检疫的法律依据　《动物防疫法》第四十一条规定，动物卫生监督机构依照本法和国务院兽医主管部门的规定对动物、动物产品实施检疫。这些规定，首先明确了动物卫生监督机构对动物、动物产品实施检疫的主体地位；其次由于动物、动物产品检疫具有依法实施和科学性等特点，决定了必须按照科学的统一规定的检疫标准、检疫规程进行检疫，才能使其结果具有权威性、合法性，避免随意性。

2. 产地检疫的作用　产地检疫是防止患病动物进入流通环节的关键，是促进动物疫病预防工作的重要手段。开展产地检疫对于贯彻落实预防为主的方针、促进生产、方便流通和理顺动物检疫工作等具有重要的意义。首先，落实了产地检疫就可以做到病畜禽不出户、场，不出村，从而最大限度地限制了疫病传播范围，保护畜牧业生产和人民身体健康；其次，产地检疫通过查验牲畜耳标，可以促进基层预防接种工作，实现防检结合，以检促防；再次，通过产地检疫可以掌握疫病流行情况，对检疫中发现的动物疫病

进行记录、分类、整理，可以及时全面地反映动物疫病的流行分布情况，为本地制定动物疫病防治规划和措施提供依据。

(三)产地检疫的特点

1. 工作量大 我国目前畜牧业产业化经营规模仍较小，多数地方以广大农民的分散饲养为主要生产方式，这就意味着开展动物产地检疫工作必将面对千家万户，要想把这项工作真正落实下去，只有逐场逐头去进行检疫，面广，分散，工作量大，工作辛苦，需用人力多，这也决定了开展产地检疫的模式是多样的。

2. 方法简便实用 由于产地检疫是在饲养生产场地进行，受各种条件限制，很难进行复杂的检验。因此，检疫方法要求实用。如动物的产地检疫，主要手段是进行临诊检疫，若临诊检查健康，来自非疫区，免疫接种在有效期内且佩带牲畜耳标者，即为产地检疫合格。检疫器具简单，主要有检疫箱(包)、体温计、听诊器、刀、剪、镊、钩、棒、采样(血液、粪便、尿液)工具及容器，且应保持器具干净，无毒无菌。

3. 适用基层推广 根据产地检疫面广、量大、分散等现状，主要由县级以上动物卫生监督机构或其派出机构实施检疫。

对于种用、乳用、役用家畜和种禽，按规定必须进行实验室检查的项目，由县级以上动物卫生监督机构实施。

二、产地检疫的任务、项目和方法

(一)产地检疫的任务

1. 做好引种检疫 凡到异地引进种畜、种禽的单位，首先在种畜禽到场后，必须隔离一定的时间，并经当地动物卫生监督机构临诊检疫和必要的实验室检验确认无疫病后才能供种用，如果是跨省引种的还需在引种前经输入地省级动物卫生监督机构审批。

2. 做好售前检疫 养殖场或饲养户的畜禽出售前，必须经当地动物卫生监督机构实施检疫，并出具检疫合格证明后方可上市。

3. 做好运前检疫　畜禽准备调运前，必须经当地县级以上动物卫生监督机构按要求进行产地检疫，并出具检疫证明。

(二)产地检疫的项目　依据《动物防疫法》，分为以下几部分。

1. 疫情调查　了解当地疫情，确定动物是否来自疫区。即通过调查掌握当地疫情流行情况，以便及时确定疫区范围，制定出相应的防治规划和措施。

2. 查验养殖档案　检查按国家或地方规定必须强制预防接种的项目，如猪瘟疫苗注射、鸡新城疫疫苗接种等，且动物必须处在免疫有效期内。

3. 临床健康检查　对于一般供屠宰的动物，以临床感官检查为主，主要看动物的表象(静、动、起、卧、立、精神、饮水、食欲等)是否正常，体温、脉搏、呼吸是否在正常生理指标范围内。

4. 实验室检查　必要的实验室检验为阴性，一般仅指外调种畜禽的检疫。

5. 牲畜标识检查　猪、牛、羊必须具备合格的牲畜标识。

(三)产地检疫的方法　根据《动物产地检疫规程》和《动物检疫管理办法》规定，主要是以临诊检疫为主，可分为动物的群体检疫和个体检疫。

1. 步骤　一般是先群体检疫，然后进行个体检疫。但在某些情况下，应结合运用或直接进行个体检疫。在运输、仓储、口岸等环节中，往往动物集中数量较多，必须先进行群体检疫(初检)，其目的是从大群动物中，先剔出患病动物或可疑患病动物，然后再进行细致的个体检疫(复检)，初步鉴别出是传染病、寄生虫病或是普通病，并尽可能判断出是哪一种传染病或寄生虫病。必要时，还要进行病原学和血清学检查或变态反应检查。对基层收购或进入集贸市场以及其他零星分散数量较少的动物，可直接进行个体检疫。对已经保定的或笼箱内的动物，可一边进行群体检疫，一边进行个体检疫。在大群检疫时，对个别独立一隅或有异常表现的动物，应进行细致的检查。只有这样反复地进行临床检查，才能较好地完成临诊检疫任务。在临诊检疫后，对病畜或可疑病畜，都要做好标记，并进行分群管理和分别用途，决定是否需要进一步确诊，如供屠宰用的动物，符合《肉品卫生检验试行规程》规定，并有条件屠宰的，就可以立即屠宰；如供种用、役用的动物，必须进一步确诊，或在隔离条件下进行治疗。

2. 方法　就是通常所指的“三观一检”。“三观”就是从动物静、动、食 3 个方面进行观察；“一检”即个体检疫，就是对从群体检疫中剔除的患病动物进行详细检查确诊。群体检疫是畜禽临床检查的初步检查，其目的是通过观察畜禽群体在静态、动态、饮食等状态方面的表现，对整群畜禽的健康状态做出初步的评价，并从大群畜禽中将可疑患病的动物筛选出来，准备进一步进行个体检查。

三、产地检疫的出证条件

被检动物应具备以下条件，方可出具产地检疫证明。

第一，来自非封锁区或者未发生相关动物疫情的饲养场(户)。

第二，按照国家规定进行了强制免疫，并在有效保护期内。

第三，临床检查健康。

第四，农业部规定需要进行实验室疫病检测的，检测结果符合要求。

第五，养殖档案相关记录和畜禽标识符合农业部规定。

第六，乳用、种用动物和宠物，还应当符合农业部规定的健康标准。

第二节　产地检疫的技术要点

一、各种动物产地检疫要点

(一)猪的临诊检疫

1. 申报受理　动物卫生监督机构在接到检疫申报后,根据当地相关动物疫情情况,决定是否予以受理。受理的,应当及时派出官方兽医到现场或指定地点实施检疫;不予受理的,应说明理由。

2. 查验资料及畜禽标识　官方兽医应查验饲养场(养殖小区)《动物防疫条件合格证》和养殖档案,了解生产、免疫、监测、诊疗、消毒、无害化处理等情况,确认饲养场(养殖小区)6 个月内未发生相关动物疫病,确认生猪已按国家规定进行强制免疫,并在有效保护期内。省内调运种猪的,还应查验《种畜禽生产经营许可证》。

官方兽医应查验散养户养殖档案,确认生猪已按国家规定进行强制免疫,并在有效保护期内。

官方兽医应查验生猪畜禽标识加施情况,确认其佩戴的畜禽标识与相关档案记录相符。

3. 临床检查

(1)检查方法

①群体检查　从静态、动态和食态等方面进行检查。主要检查生猪群体精神状况、外貌、呼吸状态、运动状态、饮水和饮食情况及排泄物状态等。

②个体检查　通过视诊、触诊和听诊等方法进行检查。主要检查生猪个体精神状况、体温、呼吸、皮肤、被毛、可视黏膜、胸廓、腹部及体表淋巴结,排泄动作及排泄物性状等。

(2)检查内容　出现发热、精神不振、食欲减退、流涎;蹄冠、蹄叉、蹄踵部出现水疱，水疱破裂后表面出血，形成暗红色烂斑，感染造成化脓、坏死、蹄壳脱落、卧地不起；鼻盘、口腔黏膜、舌、乳房出现水疱和糜烂等症状的，怀疑感染口蹄疫。

出现高热、倦怠、食欲不振、精神委顿、弓腰、腿软、行动缓慢；间有呕吐，便秘、腹泻交替发生；可视黏膜充血、出血或有不正常分泌物、发绀；鼻、唇、耳、下颌、四肢、腹下、外阴等多处皮肤点状出血，指压不褪色等症状的，怀疑感染猪瘟。

出现高热；眼结膜炎、眼睑水肿；咳嗽、气喘、呼吸困难；耳朵、四肢末梢和腹部皮肤发绀；偶见后躯无力、不能站立或共济失调等症状的，怀疑感染高致病性猪蓝耳病。

出现高热稽留；呕吐；结膜充血；粪便干硬呈粟状，附有黏液，下痢；皮肤有红斑、疹块，指压褪色等症状的，怀疑感染猪丹毒。

出现高热；呼吸困难，继而哮喘，口、鼻流出泡沫或清液；颈下咽喉部急性肿大、变红、高热、坚硬；腹侧、耳根、四肢内侧皮肤出现红斑，指压褪色等症状的，怀疑感染猪肺疫。

咽喉、颈、肩胛、胸、腹、乳房及阴囊等局部皮肤出现红肿热痛，坚硬肿块，继而肿块变冷，无痛感，最后中央坏死形成溃疡；颈部、前胸出现急性红肿，呼吸困难、咽喉变窄，窒息死亡等症状的，怀疑感染炭疽。

产地检疫中几种猪常见病的鉴别如表 2 所示。

表 2　猪瘟、猪丹毒、仔猪副伤寒、猪链球菌病和猪弓形虫病的鉴别

病　名	流行病学	临床症状	病理变化	病　原
猪瘟	无季节性，有高度的传染性，发病率和死亡率高	突然发病，高热稽留，全身痉挛，四肢抽搐，皮肤和黏膜发绀。两眼有多量的黏脓性分泌物，甚至使眼睑粘连。耳、四肢内侧、腹下及外阴等处皮肤出现出血斑点。病猪先便秘后腹泻，粪便中常带有黏液	全身皮肤、浆膜、黏膜和内脏器官有不同程度的出血变化。肾脏色泽变淡。脾脏出血性梗死。全身淋巴结充血出血，切面呈大理石状。盲肠和结肠，特别是回盲口常有纽扣状溃疡	猪瘟病毒
猪丹毒	多发生于架子猪，以炎热多雨季节发病较多，呈散发性或地方性流行	虽体温升高但仍有食欲，强迫驱赶时发出尖叫声，步态僵硬或有跛行，很少发生腹泻。结膜充血，两眼清亮有神。耳、腹、腿内侧皮肤等部位出现特征性疹块，俗称“打火印”	以全身败血症变化和体表皮肤出现红斑为特征。胃和小肠有严重的出血性炎症，脾肿大，呈樱桃红色，淋巴结、肾淤血、肿大	猪丹毒杆菌
仔猪副伤寒	主要侵害2～4月龄的仔猪，阴雨潮湿季节多发，发病率低，死亡率高	急性败血症和剧烈性腹泻，排灰白色或黄绿色粪便，带有血液或黏液，发出腥臭味。有些病猪咳嗽。慢性者反复下痢，体温不高。耳根、胸前及腹下皮肤有紫斑	皮肤有紫斑。肠系膜淋巴结肿大。肝有黄色或灰白色的点状坏死，脾肿大呈暗紫色，肺常见有卡他性肺炎或灰黄色干酪样结节。大肠壁增厚，黏膜发炎，表面粗糙，有大小不一、边缘不齐的坏死灶	猪沙门氏菌

续表 2

病　名	流行病学	临床症状	病理变化	病　原
猪肺疫	各年龄的猪均易感，尤以中猪、小猪易感性更大。最急性型猪肺疫常呈地方流行性；急性型和慢性型猪肺疫多呈散发性	最急性型表现败血症和咽喉炎症状；急性型呈纤维素性胸膜肺炎症状；慢性型较少见，主要表现慢性肺炎症状，呼吸极度困难，口、鼻流血样泡沫	咽喉部、颈部皮下组织呈出血性浆液性炎症，切开皮肤时，有大量胶冻样淡黄色水肿液。全身淋巴结肿大，呈浆液性出血性炎症，以咽喉部淋巴结最显著。心内、外膜有出血斑点。肺充血、水肿。胃肠黏膜有出血性炎症。脾不肿大	猪巴氏杆菌
猪链球菌病	新生仔猪和哺乳仔猪的发病率和死亡率最高，其次为架子猪，而成年猪较少发病。本病无明显的季节性，常呈地方性流行	病猪突然不食，高热稽留。呼吸促迫，流浆性鼻液。眼结膜充血、潮红并有出血斑点，流泪。便秘或腹泻带血，尿液色黄或发生血尿。腹下、四肢下端及耳呈紫色，并有出血斑点。部分病猪发生关节炎，跛行，不能站立。有的发出尖叫或抽搐，共济失调，或做圆圈运动，或盲目行走，或突然倒地，口吐白沫，四肢呈游泳状划动，最后衰竭或麻痹死亡	各器官充血、出血明显，心包积液，脾肿大1～3倍，呈暗红色或紫黑色。有神经症状的病例，脑和脑膜充血、出血，脑脊髓液增量、浑浊，脑实质有化脓性脑炎变化。慢性病猪关节皮下有胶样水肿，心瓣膜增厚	C群、D群、E群及L群链球菌

续表 2

病　名	流行病学	临床症状	病理变化	病　原
猪弓形虫病	人和动物共患。猪吃了被卵囊污染的饲料、饮水而感染	猪呼吸困难，呈腹式呼吸。部分病猪还有咳嗽、呕吐和流鼻液的症状。体表淋巴结特别是腹股沟淋巴结明显肿大，妊娠母猪出现流产	肺水肿，全身淋巴结肿大、充血、出血，肝和脾有出血点和坏死灶，大肠、小肠和胃有出血点	龚地弓形虫

（二）反刍动物的临诊检疫

1. 检查方法

（1）群体检查　从静态、动态和食态等方面进行检查。主要检查动物群体精神状况、外貌、呼吸状态、运动状态、饮水和采食状态、反刍状态、排泄物状态等。

（2）个体检查　通过视诊、触诊、听诊等方法进行检查。主要检查动物个体精神状况、体温、呼吸、皮肤、被毛、可视黏膜、胸廓、腹部及体表淋巴结，排泄动作及排泄物性状等。

2. 检查内容　出现发热、精神不振、食欲减退、流涎；蹄冠、蹄叉、蹄踵部出现水疱，水疱破裂后表面出血，形成暗红色烂斑，感染造成化脓、坏死、蹄壳脱落、卧地不起；鼻盘、口腔黏膜、舌、乳房出现水疱和糜烂等症状的，怀疑感染口蹄疫。

妊娠母畜出现流产、产死胎或弱胎，生殖道炎症、胎衣滞留，持续排出污灰色或棕红色恶露以及乳房炎症状；公畜发生睾丸炎或关节炎、滑膜囊炎，偶见阴茎红肿，睾丸和附睾肿大等症状的，怀疑感染布鲁氏菌病。

出现渐进性消瘦，咳嗽，个别可见顽固性腹泻，粪便中混有黏液状脓液，奶牛偶见乳房淋巴结肿大等症状的，怀疑感染结核病。

出现高热、呼吸增速、心跳加快；食欲废绝，偶见瘤胃臌胀，可视黏膜发绀，突然倒毙；天然孔出血、血凝不良呈煤焦油样、尸僵不全；体表、直肠、口腔黏膜等处发生炭疽痈等症状的，怀疑感染炭疽。

羊出现突然发热、呼吸困难或咳嗽，分泌黏脓性卡他性鼻液，口腔内膜充血、糜烂，齿龈出血，严重腹泻或下痢，母羊流产等症状的，怀疑感染小反刍兽疫。

羊出现体温升高、呼吸加快；皮肤、黏膜上出现痘疹，由红斑到丘疹，突出皮肤表面，遇化脓菌感染则形成脓疱继而破溃结痂等症状的，怀疑感染绵羊痘或山羊痘。

出现高热稽留、呼吸困难、鼻翼扩张、咳嗽；可视黏膜发绀，胸前和肉垂水肿；腹泻和便秘交替发生，厌食、消瘦、流鼻液或口流白沫等症状的，怀疑感染传染性胸膜肺炎。

产地检疫中羊的几种常见病的鉴别诊断要点如表3所示。

表3　产地检疫中羊的几种常见病的鉴别诊断要点

病　名	流行病学	临床症状	病理变化	病　原
蓝舌病	主要发生于绵羊，1岁最易感。发病有严格的季节性，夏、秋季多发，库蠓为主要传播者	舌头充血、有点状出血、肿大，严重的病例舌头发绀。面部、眼睑、耳水肿。口、鼻和口腔黏膜有出血点或浅表性糜烂。开始蹄冠带充血，而后见蹄外膜下点状出血，行走困难	口腔黏膜充血、水肿、发绀。心肌、心内外膜、呼吸道、消化道和泌尿道黏膜都有小点出血。脾脏轻微肿大，被膜下出血。淋巴结水肿，外观苍白	蓝舌病病毒

续表 3

类　别	流行病学	临床症状	病理变化	病　原
梅迪-维斯纳病	主要感染绵羊，山羊也感染；潜伏期较长，无明显季节性，表现间质性肺炎和脑膜炎	梅迪病（呼吸道型）表现慢性、进行性间质性肺炎，呼吸频数，鼻孔扩张，头高仰；维斯纳病（神经型）病初出现头姿势异常和唇颤，步态异常，运动失调和轻瘫	主要见于肺和肺淋巴结，肺体积膨大，重量增加，致密如肌肉	梅迪-维斯纳病毒
羊　痘	接触性传染，绵羊感染绵羊痘，山羊感染山羊痘。发病不分季节，冬末春初更常见	高热，时发咳嗽，间有寒战；眼睑肿胀，有浆液性分泌物；痘疹过程为蔷薇疹－丘疹－水疱－脓疱－痂痕	在嘴唇、食道、胃肠等黏膜上出现大小不同的扁平的灰白色痘疹，其中有些表面破溃形成糜烂和溃疡，特别是唇黏膜与胃黏膜表面更明显。肺有灰白色圆形隆起的结节，肝和肾也可能有类似病变	羊痘病毒
疥　癣	由各种螨类寄生于各种动物所引起的一种高度接触性传染病，多发生于冬季和秋末春初	皮肤发痒，发生湿疹性皮炎，脱毛，结痂，患部逐渐扩展		螨　类

(三)马及马属动物的临诊检疫

1. 检查方法

(1)群体检查　从静态、动态和食态等方面进行检查。主要检查动物群体精神状况、外貌、呼吸状态、运动状态、饮水和采食情况及排泄物状态等。

(2)个体检查　通过视诊、触诊、听诊等方法进行检查。主要检查动物个体精神状况、体温、呼吸、皮肤、被毛、可视黏膜、胸廓、腹部及体表淋巴结,排泄动作及排泄物性状等。

2. 检查内容　出现发热、贫血、出血、黄疸、心脏衰弱、水肿和消瘦等症状的,怀疑感染马传染性贫血。

出现体温升高、精神沉郁;呼吸、脉搏加快;颌下淋巴结肿大;鼻孔一侧(有时两侧)流出浆液性或黏性鼻液,可见鼻疽结节、溃疡、瘢痕等症状的,怀疑感染马鼻疽。

出现剧烈咳嗽,严重时发生痉挛性咳嗽;流浆液性鼻液,偶见黄白色脓性鼻液;结膜潮红肿胀,微黄染,流出浆液性乃至脓性分泌物,有的出现结膜混浊;精神沉郁,食欲减退,体温达39.5℃～40℃;呼吸次数增加,脉搏增至每分钟60～80次;四肢或腹部水肿,发生腱鞘炎;颌下淋巴结轻度肿胀等症状的,怀疑感染马流行性感冒。

出现体温升高,食欲减退;分泌大量浆液乃至黏脓性鼻液,鼻黏膜和眼结膜充血;颌下淋巴结肿胀,四肢腱鞘水肿;妊娠母马流产等症状的,怀疑感染马鼻腔肺炎。

(四)禽的临诊检疫

1. 检查方法

(1)群体检查　从静态、动态和食态等方面进行检查。主要检查禽群精神状况、外貌、呼吸状态、运动状态、饮水和采食及排泄物状态等。

(2)个体检查　通过视诊、触诊、听诊等方法检查家禽个体精神状况、体温、呼吸、羽毛、天然孔、冠、髯、爪、粪便、嗉囊内容物性状等。

2. 检查内容　禽只出现突然死亡、死亡率高；病禽极度沉郁，头部和眼睑部水肿；鸡冠发绀、脚鳞出血和神经紊乱，鸭、鹅等水禽出现明显神经症状、腹泻、角膜炎甚至失明等症状的，怀疑感染高致病性禽流感。

出现体温升高、食欲减退、神经症状；缩颈闭眼，冠、髯呈暗紫色；呼吸困难，口腔和鼻腔分泌物增多，嗉囊肿胀；下痢；产蛋减少或停止；少数禽突然发病，无任何症状而死亡等症状的，怀疑感染新城疫。

出现呼吸困难、咳嗽；停止产蛋，或产薄壳蛋、畸形蛋、褪色蛋等症状的，怀疑感染鸡传染性支气管炎。

出现呼吸困难、伸颈呼吸，发出咯咯声或咳嗽声，咳出血凝块等症状的，怀疑感染鸡传染性喉气管炎。

出现下痢，排白色或淡绿色稀便，肛门周围的羽毛被粪便污染或沾污泥土；饮水减少、食欲减退；消瘦、畏寒；步态不稳、精神委顿、头下垂、眼睑闭合；羽毛无光泽等症状的，怀疑感染鸡传染性法氏囊病。

出现食欲减退、消瘦、腹泻、体重迅速减轻，死亡率较高；运动失调、呈劈叉姿势；虹膜褪色、单侧或双眼表现灰白色混浊所致的白眼病或瞎眼；颈、背、翅、腿和尾部形成大小不一的结节及瘤状物等症状的，怀疑感染马立克氏病。

出现食欲减退或废绝、畏寒，尖叫；排乳白色稀薄黏腻粪便，肛门周围污秽；闭眼呆立、呼吸困难；偶见共济失调、运动失衡、肢体麻痹等神经症状的，怀疑感染鸡白痢。

出现体温升高、食欲减退或废绝、翅下垂、脚无力，共济失调、不能站立；眼流浆性或脓性分泌物，眼睑肿胀或头颈水肿；绿色下痢，衰竭虚脱等症状的，怀疑感染鸭瘟。

出现精神委靡，倒地两脚划动，迅速死亡；厌食，嗉囊松软，内有大量液体和气体；排灰白色或淡黄绿色混有气泡的稀便；呼吸困难，鼻端流出浆性分泌物，喙端色泽变暗等症状的，怀疑感染小鹅瘟。

出现冠、肉髯和其他无羽毛部位发生大小不等的疣状块，皮肤增生性病变；口腔、食道、喉或气管黏膜出现白色节结或黄色白喉膜病变等症状的，怀疑感染禽痘。

出现精神沉郁、羽毛松乱、不喜活动、食欲减退、逐渐消瘦；泄殖腔周围羽毛被稀便沾污；运动失调、足和翅发生轻瘫；嗉囊内充满液体，可视黏膜苍白；排水样稀便、棕红色粪便、血便、间歇性下痢；群体均匀度差，产蛋下降等症状的，怀疑感染鸡球虫病。

产地检疫中禽类几种常见病的鉴别诊断要点如表4所示。

表4　产地检疫中禽类几种常见病的鉴别诊断要点

病　名	流行病学	临床症状	病理变化	病　原
鸡白痢	1～3周龄雏鸡多发，全年均可发病	排白色糊状稀便，糊住肛门，腹部膨大，脐孔闭合不全	肝肿大、淤血，有的呈土黄色。卵黄吸收不良。心肌、肝、肌胃、脾、肠道有白色坏死结节	鸡白痢沙门氏菌
球虫病	20～50日龄雏鸡多发	血便，贫血	小肠出血，盲肠有血凝块	球　虫
传染性法氏囊病	20～60日龄雏鸡多发	排白色水样稀便，羽毛逆立，饮水增加，个别病鸡表现啄羽	法氏囊肿大、充血、水肿，肌肉出血，花斑肾，腺胃、肌胃交界处出血	传染性法氏囊病病毒

续表 4

病　名	流行病学	临床症状	病理变化	病　原
新城疫	各龄鸡全年均可发生	排绿色稀便、扭头、歪颈，有呼吸道症状，蛋鸡产蛋率急剧下降	腺胃乳头出血，十二指肠有枣核样溃疡，盲肠扁桃体出血，直肠出血，有呼吸和神经症状	鸡新城疫病毒
禽霍乱	成年鸡多发，秋季多发	排灰白色、黄绿色稀便；冠、肉髯发绀，有的肿胀；产蛋率下降	心外膜有出血点，腹脂肪有出血点，肝有小点坏死灶，十二指肠出血。慢性病例小肠出现圆形出血斑，子宫内常有完整的蛋	多杀性巴氏杆菌
传染性喉气管炎	各龄鸡均可发生，但以成年鸡多发。冬季多发	呼吸困难、咳血；冠、髯呈暗紫色；眼结膜红肿；眶下窦肿胀；产蛋率下降	喉头、气管黏液增多，黏膜充血、肿胀，黏液中混有血丝	传染性喉气管炎病毒
传染性支气管炎	各龄鸡均可发生，但以雏鸡多发。冬季多发	呼吸困难，气管啰音、流鼻液；产蛋率下降25%～50%，软壳蛋、畸形蛋增多	气管、支气管有浆液性渗出物，气管下1/3处有干酪样栓子。眼睑肿胀，肺充血，有时肾肿大有尿酸盐沉积	传染性支气管炎病毒

续表4

病 名	流行病学	临床症状	病理变化	病 原
禽流感	各龄鸡均可发生，冬、春季多发	死亡快，慢性病例昏睡、停食、肿头、呼吸困难、鸡冠发紫、皮肤发绀、腿部鳞片出血、排白绿色稀便、产蛋鸡产蛋率急剧下降	胸腹部脂肪有出血斑，心包积液，心外膜有点状或条纹状出血；腺胃肌胃黏膜出血，泄殖腔呈条纹状出血；胰脏肿大凸出出血；肝、脾肿大，肾脏出血；卵巢出血、坏死；上呼吸道弥漫性出血	禽流感病毒
传染性鼻炎	成年鸡每年5～7月份和11月份至翌年1月份多发	流浆液性至黏液性鼻液；脸部肿胀；结膜炎；流泪	鼻窦、喉、气管呈卡他性炎症	传染性鼻炎病毒
禽 痘	各龄鸡均可发生，秋季多发	冠、髯、眼睑、腿部有痘痂	喉头有假膜覆盖	禽痘病毒
禽白血病	160日龄后多发	消瘦、贫血、下痢	实质器官有肿瘤结节	禽白血病病毒
马立克氏病	3～4周龄后出现症状	消瘦，呈特征性“劈叉”姿势	坐骨神经肿胀；肝、脾有肿瘤结节	马立克氏病病毒

(五)兔的临诊检疫

1. 群体检疫 对笼养的家兔,可逐只检查,抓住着眼点注意有无异常变化。对散养的家兔可先进行运动时和休息时的检查,在饲喂和饮水时,可观察其采食和饮水状态。

(1)运动时的检查 注意观察精神外貌和姿态步样。健康家兔精神饱满,两耳竖立(有的品种除外)、颜色发红无污垢,当有人接触或听到意外声音时,立即躲开,竖起两耳,双目直视,表示警惕。跳动有力,被毛浓密紧贴,润滑光亮。病兔精神委顿,不爱活动,有人接近时也不离去,两耳下垂,有的行动缓慢,或独立一隅而不动。发现病兔应剔出做个体检疫。

(2)休息时的检查 家兔静立或躺卧休息时的检查,注意观察站立、睡卧姿势、呼吸状态、天然孔和被毛等有无异常,同时注意排泄物和声音。病兔瘦弱,四肢拖地,头位不正,静卧不动,眼无神有分泌物,被毛松散或脱落,两耳下垂,眼、鼻有黏液性或脓性分泌物流出或黏着在鼻腔周围,呼吸促迫,叫声异常,粪便过稀或不成形。发现病兔应剔出做进一步检查。

(3)采食和饮水时的检查 一般在饲喂和饮水时进行,或有意识地给予少量饲料或饮水,以观察采食、饮水状态。当给病兔饲喂时,表现采食缓慢或只吃几口,或根本不吃而静卧不动,当大群家兔吃饱后,病兔表现腹部凹陷。

2. 个体检疫 家兔检疫以兔病毒性败血症、魏氏梭菌病、螺旋体病、疥癣、球虫病等为重点。在进行个体检疫时,应注意观察精神外貌,姿态步样,头、耳、眼、鼻、皮肤、被毛、肛门、四肢、粪便以及呼吸、采食、饮水状态等。发现精神不振,被毛松乱,两耳下垂、苍白,眼、鼻、脸部皮肤有脓肿物,外生殖器官有溃疡或结痂,眼无神有分泌物,黏膜充血、发黄,耳壳内、颈及趾爪上有覆片层,四肢有污垢,粪便不成球形或过稀,肛门周围有粪便污染,呼吸异常或有咳嗽的病兔应剔出做进一步检查。

(六)家养野生动物的临诊检疫 家养野生动物性情凶猛，捕捉困难，且容易造成损伤，所以常把家养野生动物临诊检疫中的群体检疫和个体检疫结合起来检查，以视检为主，其他检查为辅。如果视检没有异常表现时，一般不进行捕捉检查。

1. 健兽 发育正常，被毛光泽，肌肉丰满。比较神经质，接受外来刺激时表现惊慌。呼吸平稳，饮水、采食适当，肛门干净。

2. 病兽 发育不良，被毛无光、倒逆、干燥及脱落。呆立或躺卧，两眼无神凝滞，半闭或全闭。猫科动物第三眼睑突出。对外来刺激反应迟钝，或兴奋不安，无目的地乱走，不顾障碍的前行，绕围栏转圈，乱咬物体。体温升高时，口和鼻端干热潮红，或尿少色深。呼吸次数增多，呼吸困难，鼻孔开张，鼻翼扇动，张口呼吸。粪便干硬色深，量少个小，表面带有极浓稠的黏液，或粪便呈水样、粥样，不成形，或混有黏液、脓液、血液、气泡，粪味恶臭、腥臭，尿少变色或排血尿。

二、种畜禽调运检疫

在产地检疫工作中涉及的种畜禽调运，应由县级以上动物卫生监督机构组织实施，并严格按照《跨省调运乳用、种用动物产地检疫规程》进行。

(一) 检疫合格标准 符合农业部《生猪产地检疫规程》《反刍动物产地检疫规程》要求。

符合农业部规定的种用、乳用动物健康标准。

提供前述规程规定动物疫病的实验室检测报告，检测结果合格。

精液和胚胎采集、销售、移植记录完整，其供体动物符合前述规程规定的标准。

(二) 检疫程序

1. 申报受理 动物卫生监督机构接到检疫申报后，确认《跨省引进乳用、种用动物检疫审批表》有效，并根据当地相关动物疫情情况，决定是否予以受理。受理的，应当及时派官方兽医到场实施检疫；不予受理的，应说明理由。

2. 查验资料及畜禽标识 查验饲养场的《种畜禽生产经营许可证》和《动物防疫条件合格证》。

按《生猪产地检疫规程》和《反刍动物产地检疫规程》要求，查验受检动物的养殖档案、畜禽标识及相关信息。

调运精液和胚胎的，还应查验其采集、存贮、销售等记录，确认对应供体及其健康状况。

3. 临床检查 按照《生猪产地检疫规程》和《反刍动物产地检疫规程》要求开展临床检查外，还需做下列疫病检查。

发现母猪，尤其是初产母猪产仔数少、流产、产死胎、产木乃伊胎和发育不正常胎等症状的，怀疑感染猪细小病毒。

发现母猪返情、空怀，妊娠母猪流产、产死胎和木乃伊胎等，公猪睾丸肿胀、萎缩等症状的，怀疑感染伪狂犬病毒。

发现猪只消瘦，生长发育迟缓，慢性干咳，呼吸短促，腹式呼吸，呈犬坐姿势，连续性痉挛性咳嗽，口、鼻处有泡沫等症状的，怀疑感染猪支原体性肺炎。

发现鼻塞、不能长时间将鼻端留在粉料中采食，衄血、饲槽沿染有血液，两侧内眼角下方颊部形成"泪斑"，鼻部和颜面部变形（上额短缩，前齿咬合不齐等），鼻端向一侧弯曲或鼻部向一侧歪斜，鼻背部横皱褶逐渐增加，眼上缘水平上的鼻梁变平、变宽，生长欠佳等症状的，怀疑感染猪传染性萎缩性鼻炎。

发现体表淋巴结肿大，贫血，可视黏膜苍白，精神衰弱，食欲不振，体重减轻，呼吸急促，后躯麻痹乃至跛行瘫痪，周期性便秘及腹泻等症状的，怀疑感染牛白血病。

发现奶牛体温升高，食欲减退，反刍减少，脉搏增速，脱水，全身衰弱，沉郁；突然发病，乳房发红、肿胀、变硬、疼痛，乳汁显著减少和异常；乳汁中有絮片、凝块，并呈水样，出现全身症状；乳房有轻微发热、肿胀和疼痛；乳腺组织纤维化，乳房萎缩、出现硬结等症状的，怀疑感染乳房炎。

4. 实验室检测 实验室检测须由省级动物卫生监督机构指定的具有资质的实验室承担，并出具检测报告。

实验室检测疫病种类如下。

种猪：口蹄疫、猪瘟、高致病性猪蓝耳病、猪圆环病毒病、布鲁氏菌病。

种牛：口蹄疫、布鲁氏菌病、牛结核病、副结核病、牛传染性鼻气管炎、牛病毒性腹泻-黏膜病。

种羊：口蹄疫、布鲁氏菌病、蓝舌病、山羊关节炎脑炎。

奶牛：口蹄疫、布鲁氏菌病、牛结核病、牛传染性鼻气管炎、牛病毒性腹泻-黏膜病。

奶山羊：口蹄疫、布鲁氏菌病。

精液和胚胎：检测其供体动物相关动物疫病。

三、动物产地检疫后的处理

经检疫合格的，出具《动物检疫合格证明》。

经检疫不合格的，出具《检疫处理通知单》，并按照有关规定处理。

临床检查发现患有产地检疫规程规定的动物疫病的，扩大抽检数量并进行实验室检测。

发现患有产地检疫规程规定检疫对象以外的动物疫病，且影响动物健康的，应按规定采取相应防疫措施。

发现不明原因死亡或怀疑为重大动物疫情的，应按照《动物防疫法》《重大动物疫情应急条例》和《动物疫情报告管理办法》的有关规定处理。

病死动物应在动物卫生监督机构监督下，由畜主按照《病害动物和病害动物产品生物安全处理规程》(GB 16548－2006)规定处理。

动物起运前,动物卫生监督机构须监督畜主或承运人对运载工具进行有效消毒。

四、检疫记录

(一)检疫申报单　动物卫生监督机构须指导畜主填写检疫申报单。

(二)检疫工作记录　官方兽医须填写检疫工作记录,详细登记畜主姓名、地址,检疫申报时间、检疫时间、检疫地点,检疫动物种类、数量及用途,检疫处理,检疫证明编号等,并由畜主签名。

检疫申报单和检疫工作记录应保存12个月以上。

第四章 屠宰检疫

第一节 屠宰检疫的概念、法律依据和意义

一、屠宰检疫的概念

屠宰检疫是指在宰前、宰后及屠宰过程中，对动物及动物产品所实施的检疫。屠宰检疫包括宰前检疫和宰后检疫两个环节。

二、屠宰检疫的法律依据和意义

(一)屠宰检疫的法律依据 《动物防疫法》第四十二条规定，屠宰、出售或者运输动物以及出售或者运输动物产品前，货主应当按照国务院兽医主管部门的规定向当地动物卫生监督机构申报检疫。

检疫是政府行为，生猪屠宰检疫是生猪检疫的重要组成部分，兽医主管部门主管生猪检疫工作的监督管理，动物卫生监督机构设官方兽医具体对定点屠宰场(点)屠宰的生猪等动物实施检疫。

(二)屠宰检疫的意义 屠宰检疫分为宰前检疫和宰后检疫两部分。

1. 宰前检疫 指对即将屠宰的动物在屠宰前实施的临床检查。它主要包括：查证验物、查验待宰动物的检疫证明；了解动物是否来自非疫区；免疫是否在有效期内；是否患病等。同时，观察动物的动、静、食及生理指数等有无异常变化。

实施宰前检疫可达到以下目的：①可以及时发现患病动物，实行病健隔离，防止疫病散布，减轻对加工环境和产品的污染，保证

产品的卫生质量和肉品的耐藏性。②能够发现许多在宰后检疫难以发现或检出的人兽共患病，如破伤风、脑炎、胃肠炎、李氏杆菌病、脑包虫病及某些中毒性疾病。因宰后一般无特殊病理变化或在解剖部位的关系，在宰后检疫时常有被忽略和漏检的可能，而这些疾病依据其宰前临床症状是不难做出诊断的。如果忽视宰前检疫，也就失去了检出这类疫病的机会。③及时检出一些国家禁止宰杀的动物。

2. 宰后检疫　指动物屠宰后，对其胴体及各部位组织、器官，依照规程及有关规定所进行的疫病检查，是屠宰检疫中最重要的环节，是宰前检疫的继续和补充。因为宰前检疫只能剔除一些具有体温反应或症状比较明显的病畜，对处于潜伏期或症状不明显的病畜则难以发现，往往随同健畜进入加工过程。这些病畜只有经过宰后检疫，即在屠畜解体的状态下，直接观察胴体、脏器所呈现的病理变化和异常现象时，才能进行综合分析，做出准确判断。

第二节　屠宰检疫技术

一、宰前检疫技术

(一)宰前检疫的程序和方法　当屠畜被运到屠宰加工厂以后，在未卸下车船之前，驻场官方兽医应向货主或押运人员索要《动物检疫合格证明》，核对牲畜种类和头数，查看牲畜标识，了解产地有无疫情和途中病死情况。如发现产地有严重疫病流行或途中病死的头数较多时，应对该批动物进行隔离观察，并进行详细检查，根据检查结果，采取适当措施。

在正常情况下，卸下后赶入预检圈休息，官方兽医逐头观察屠畜的外貌、步样、精神状况，若发现异常，立即剔出隔离，正常者赶入圈舍休息，待 2～4 小时后再进行宰前检疫。

宰前检疫通常采用群体检疫与个体检疫相结合的方法来进行。对屠畜的精神状态、被毛、姿态步样、眼、鼻、口、蹄、呼吸、粪便、尿液等进行观察，具体检查方法可参照产地检疫中的动物临诊检疫方法。

宰前检疫后的健康屠畜，经一定时间休息后即可送宰。但是如数日后未送宰时，在送宰前，必须进行 1 次复检。宰前一般牛、羊在 24～36 小时，猪在 18～24 小时停止饲喂饲料，但应充分供给饮水，这样既可节约饲料，又能提高肉品质量，也便于屠宰加工和减少污染。禁食待宰期间，检疫人员应经常到畜群中进行观察，直至送到屠宰车间为止，以防漏检或出现新的病畜。

宰前检疫对即将屠宰的动物只做临床检查，主要检查下列疫病：牛检查口蹄疫、炭疽；羊检查口蹄疫、炭疽、羊痘；猪检查口蹄疫、传染性水疱病、猪瘟、猪丹毒、猪肺疫、炭疽。

（二）宰前检疫后的处理　官方兽医在宰前检疫后，应根据屠畜禽的健康状况和检出疾病的种类及疾病的发展程度，按照《畜禽屠宰卫生检疫规范》（NY 467—2001）的规定，做出正确的判定与处理。

经宰前检疫发现口蹄疫、猪水疱病、猪瘟、非洲猪瘟、非洲马瘟、牛瘟、牛传染性胸膜肺炎、牛海绵状脑病、痒病、绵羊梅迪-维斯纳病、蓝舌病、小反刍兽疫、绵羊痘和山羊痘、高致病性禽流感、鸡新城疫、炭疽、鼻疽、狂犬病、羊快疫、羊肠毒血症、肉毒梭菌中毒症、羊猝殂、马传染性贫血病、猪密螺旋体痢疾、猪囊尾蚴病、急性猪丹毒、钩端螺旋体病（已黄染肉尸）、布鲁氏菌病、结核病、鸭瘟、兔病毒性出血症、野兔热时，病畜禽按《病害动物和病害动物产品生物安全处理规程》（GB 16548—2006）做销毁处理。

动物存放处和屠宰场所实行严格消毒，严格采取防疫措施，并立即向当地兽医主管部门报告疫情。

病畜禽存放处和屠宰场所实行严格消毒，采取防疫措施，并立即向当地兽医主管部门报告疫情。

除以上所列疫病外，患有其他疫病的动物，实行急宰，剔除病变部位销毁，其余部分按《病害动物和病害动物产品生物安全处理规程》(GB 16548—2006)规定做高温处理。

凡判为急宰的动物，均应将其宰前检疫报告单结果及时通知官方兽医，以供对同群动物宰后检疫时综合判定、处理。

对判为健康的动物，送宰前应由宰前检疫人员出具准宰通知书。

二、宰后检疫技术

宰后检疫是确定屠畜的肉体和内脏能否食用的重要环节。通过宰后检疫，最后将危害人、畜的病畜肉及其他产品检查出来，加以无害化处理，以保证产品的安全利用。有些病畜在发病初期或症状不明显时，通过宰前检疫，往往不易发现，必须经宰后检疫，才能做出正确判定和处理。因此，宰后检疫是动物检疫中的重要一环。

屠畜禽的宰后检疫是以病理解剖学的理论为基础，但是它不同于一般的尸体剖检。首先，在生产条件下，要求官方兽医快速对屠畜的健康状况做出准确的判断；其次，为了保持商品的完整性，在检疫过程中，不允许对胴体和脏器任意切割；再次，要求官方兽医运用广泛的专业知识及时准确地识别各种疾病的早期病变。因此，宰后检疫时必须选择最能反映机体病理状态的器官和组织进行剖检，并严格地遵循一定的方式、方法和程序，养成习惯，以免遗漏应检项目。有的病例还必须结合宰前检疫的资料进行判定。

(一)宰后检疫的基本方法　以剖检方式来进行感官检查是宰后检疫的基本方法。必要时可辅以实验室检验，进行微生物学、血清学、病理学、理化学方面的诊断。基本的感官检查方法如下。

1. 视检　即观察胴体皮肤、肌肉、胸腹膜、脂肪、骨骼、关节、天然孔及各种脏器的色泽、形态大小、组织性状等是否正常。这种观察可为进一步剖检提供线索。如结膜、皮肤、脂肪发黄，表明有黄疸可疑，应仔细检查肝脏和造血器官，甚至剖检关节的滑液囊及韧带等组织，注意其色泽的变化。特别是皮肤的变化，在某些传染病（如猪瘟、猪丹毒、猪肺疫）的诊断上，具有指征性意义。这些对于某种疾病指征性的病变或症状，称之为“信息性病变”或“信息性症状”，是屠宰检疫中必须集中注意力、努力寻找的首选检疫目标。

2. 剖检 用检疫工具剖开胴体、淋巴结和内脏器官的受检部位，观察有无病理变化和寄生虫。

3. 触检 借助检疫刀具触压或用手触摸，以判定器官、组织的弹性和软硬度。这种检查方法对于发现软组织深部的结节病灶，具有重要意义。在检查屠畜肺脏时，常用触检来探其深部有无硬结。

4. 嗅检 用嗅觉器官来检查肉品或内脏是否有其他异味。如肉品开始腐败时，不仅肉色有发绿、发灰等现象，并且有不同的异味；尿毒症的病肉，肉体往往有一种难闻的尿臊味。这些均须通过嗅检加以判断。

（二）宰后检疫的基本要求 在宰后检疫的全部实施中，官方兽医除了正确运用上述检疫方法外，尚须注意下列几方面。为了迅速而准确地检疫胴体和内脏，不遗漏应检项目，必须养成遵循一定的检疫程序和顺序的习惯。

为了保证肉的卫生质量和商品价值，只能在一定部位切开剖检，且要深浅适度，肌肉组织要顺肌纤维切开，一般不能横断。

当切开脏器或病损部位时，要采取措施防止病料污染产品、地面、设备、器具和官方兽医的手，被污染的器械在机械清除病变组织之后，应立即置于消毒药液中进行消毒。

官方兽医在工作期间，每人应具备 2 套特制检疫刀、钩和一根刀棒，以便被病料污染时替换之用，并做好个人的卫生防护。

三、各种动物宰后检疫要点

(一)猪的宰后检疫要点　猪的宰后检疫的顺序大体分为头部、体表、胴体、内脏和旋毛虫的检疫以及出厂复检等。

1. 头部检疫　在放血后入烫池前或剥皮前进行。第一步剖检两侧颌下淋巴结，以检查猪的局限性炭疽、结核或淋巴结化脓为主；第二步是剖检两外侧咬肌(检查囊虫)，检查咽喉黏膜、会厌软骨、扁桃体及鼻盘、唇和齿龈的状态(注意口蹄疫和水疱病)。检疫重点是炭疽、囊虫、口蹄疫。局限性炭疽淋巴结剖检主要表现为：早期病变淋巴结多肿大，呈暗红色或砖红色，周围结缔组织有胶样浸润；晚期病变淋巴结发硬、发脆，刀切如豆腐干样，间或有黑色凹陷坏死灶，有时呈灰白色坏死灶，并具有恶臭味，淋巴结内含淋巴液不多，周围组织胶样浸润减少。

颌下淋巴结检验术式：一般由两人操作，助手以右手握住猪的右前蹄，左手持检验钩钩住颈部宰杀切口右侧中间部分，向右牵开切口。检验者左手持检验钩，钩住宰杀口左侧中间部分，向左牵开切口。右手持检验刀将宰杀切口向深部纵切一刀，深达喉头软骨。再以喉头为中心，朝向下颌骨的内侧，左右各做一弧形切口，即可在下颌骨内侧、颌下腺下方(胴体倒挂时)找出该淋巴结进行剖检。

2. 体表检疫　在屠畜解体之前进行皮肤检查，对于尽早发现传染病具有重要意义。一般限于煺毛猪的检疫。检疫重点是猪瘟、猪丹毒和猪肺疫。猪瘟的皮肤表现为有出血点，有的整个皮肤表面布满细小的出血点，在耳、颈、腹部则有较大的出血点。严重者皮下脂肪、肌肉、肌腱等有出血，甚至使整个猪体皮肤都变成红色。猪丹毒的皮肤以亚急性表现尤为突出，在胸、腹、背、肩、四肢等部皮肤发生疹块，呈方块形、菱形或圆形，稍凸起于皮肤表面，大小约1厘米^{2}至数厘米^2，从几个到几十个不等，俗称“打火印”。猪肺疫的皮肤表现为皮肤上有小出血点，有时全身呈弥漫性出血，严重者，肉体皮肤全都红染，其中散布大小不一的出血点，常称“大红袍”。在体表检疫过程都应加以区分判别。

3. 内脏检疫 根据屠宰工序，内脏检疫分为两步检查：第一步为胃、肠、脾的检查，俗称“白下水”检疫；另一步为心、肝、肺的检查，俗称“红下水”检疫。

(1)胃、肠、脾的检疫 首先视检胃、肠浆膜及胃网膜，必要时剖检胃、肠黏膜，检查有无充血、出血、胶样浸润、痈肿、糜烂、化脓等病变，检查肠系膜和胃网膜上有无细颈囊尾蚴寄生。慢性猪瘟在回盲瓣往往有纽扣状出血性溃疡。然后再剖检肠系膜淋巴结，用左手扯起肠系膜，右手持刀划破肠系膜淋巴结(主要检查炭疽)，切面要尽量大，以提高检出率。

猪肠系膜淋巴结检疫术式：检验者用刀在肠系膜上做一条与小肠平行的切口，切开串珠状结节，即可在脂肪中剖出肠系膜淋巴结。

触摸脾脏的弹性、硬度、有无肿胀。猪瘟的脾脏边缘常见有三角形梗死病变，必要时切开实质，检查是否有稀泥脾(炭疽)。

(2)心、肝、肺的检疫 从肺开始，先视检肺的表面有无充血、出血、水肿、变性和化脓等病变；再用手触摸，检查肺内部有无结节、硬块等病灶，最后可剖开肺支气管和纵隔淋巴结。猪肺疫的肺脏往往有不同病期的肝变；如有肺丝虫寄生时，除可发现虫体外，还有相应的病理变化。

左支气管淋巴结检验术式：用检验钩钩住左支气管向左牵引，用检验刀切开动脉弓和气管之间的脂肪直到左支气管分叉处，即可找到该淋巴结进行剖检。

右支气管淋巴结检验术式：检验者用检验钩钩住右肺尖叶，向左下方牵引使其翻转，用检验刀顺着肺尖叶的基部与气管之间，紧靠气管向下切开，深达支气管分叉处，即可找到该淋巴结进行剖检。

检查肝脏时，先检查外观形状、大小、色泽等，再用手触检肝的弹性，然后剖检肝实质和肝门淋巴结。必要时，切开肝胆管和胆囊观察有无肝片吸虫寄生，注意有无淤血、出血、肿大、变性、坏死、硬化、萎缩、结节、结石、寄生虫损害等。

检查心脏时，先看心脏的外表有无出血，然后沿动脉弓切开心脏，检查房室瓣和心内膜，并注意检查心肌有无囊虫寄生。一般急性传染病猪的心包、心内外膜、心脏实质常有出血现象。特别注意二尖瓣上菜花样赘生物，见于慢性猪丹毒。

心脏检验术式：检验者用检验钩钩住心脏左纵沟以固定心脏，以检验刀在心脏后缘平行地纵剖心脏，一刀切开房室进行检验，观察心肌、心内膜、心瓣膜及血液凝固状况。

膀胱、子宫等器官一般不做检查，如有布鲁氏菌病可疑时，检查生殖器官，注意有无红、肿等炎症变化。检查膀胱黏膜时，如有出血和树枝状充血，多见于猪瘟。

4. 胴体检疫

(1)肉体淋巴结　主要应检的淋巴结有浅腹股沟淋巴结及深腹股沟淋巴结，必要时，剖检髂下淋巴结和颈浅背侧淋巴结。淋巴结是机体重要的防御器官之一，各种致病因素作用于机体时，通常最先引起淋巴结反应，并导致明显的病理形态变化。淋巴结的主要防御功能表现为滤过淋巴和参与免疫反应。当机体某器官或部位发生病变时，细菌、病毒等可以很快地沿淋巴管到达相应部位的淋巴结。淋巴结中的巨噬细胞及淋巴结呈现充血、出血、水肿、发炎、化脓或坏死等相应的病理变化，如猪的局限性炭疽，其头部淋巴结，特别是颌下淋巴结受侵害，受损淋巴结常表现肿大、充血，切面呈樱桃红色或深砖红色，散发紫红色或黑红色凹陷的大小坏死灶。而在败血型猪瘟，常表现为全身性出血性淋巴结炎，眼观淋巴结肿大，表面呈暗红色，质地坚实，切面湿润，隆突，边缘的髓质呈暗红色或紫红色，并向内伸展形成大理石样花纹。由此可见，病原侵入机体途径不同,疾病的性质不同,往往可在不同的淋巴结中形成特殊的病理形态学变化。肉品检疫时通过这些病理变化,可以初步判定病原性质。所以,淋巴结的检疫在肉品检疫中具有非常重要的意义。

腹股沟浅淋巴结检验术式:检验者以检验钩钩住最后乳头稍上方的皮下组织,向外牵拉,用检验刀从脂肪层正中部纵切,即可找到被切开的该淋巴结进行检验。

颈浅背侧淋巴结检验术式:检验者首先在被检胴体侧面,紧靠猪肩端处虚设一条横线 AB,以量取胴体颈基部侧面的宽度,再虚设一条纵线 CD 将 AB 线垂直等分,在两线交点向脊背方向移动 2～4 厘米处用检验刀垂直刺入胴体颈部组织,并向下垂直切开,以检验钩牵开切口,在肩胛关节前缘、斜方肌之下,所做切口最上端的深处,可见到一个被少量脂肪包围的淋巴结隆起,即可剖开进行检验。如下刀正确,该淋巴结常被切破。

宰后检疫中几种常见淋巴结病变如表 5 所示。

表 5　宰后检疫中几种常见淋巴结病变的鉴别

类　别	猪　瘟	猪丹毒	猪局部炭疽	仔猪副伤寒
病理变化	出血性炎症,淋巴结切面上周边出血,呈大理石样花纹	卡他性炎症,淋巴结肿胀,切面多有透明液流溢,有细小的充血点	出血性坏死性炎症,淋巴结周围组织明显水肿。淋巴结切面出血,散在灰色坏死灶,陈旧病灶可呈棕灰色	急性增生性炎症,淋巴结肿大,切面呈灰白色脑髓样质变
病　原	猪瘟病毒	猪丹毒杆菌	炭疽杆菌	沙门氏菌

(2)腰肌　主要检查囊虫。剖检时,先沿脊椎的下缘将左右腰肌割开 2/3,再在腰肌的割开面上向纵深部切 3～4 刀。同时,应注意观察耻骨肌、肋间肌及腹肌等。必要时,切开臂肌、肩胛肌检

查。囊虫主要寄生于较活泼肌肉中，如咬肌、腰肌、心肌、肩胛外侧肌、膈肌、股内侧肌等。检查时，可发现成熟的囊尾蚴，外形呈灰白色椭圆形或圆形半透明小囊泡，内有无色液体和白色状头节。镜下用两张载玻片将头节压成薄片后，可见与成虫相同的结构。有4个圆形吸盘和1个顶突，在顶突上有2排角质小钩。

(3)肾脏　一般连在肉体上与肉体同时进行检查。检查时，先用刀沿肾脏边缘割破肾包膜，然后钩住肾盂，并用力一拉，剥离肾包膜，露出肾脏，观察肾的形态、大小、颜色等，注意有无淤血、充血和出血点及其他病理变化。必要时，再剖开肾盂检查。肉品检疫中应注意由丹毒杆菌引起的“大红肾”和猪瘟病毒引起的“麻雀卵肾”。

5. 旋毛虫检疫　猪在开膛取出内脏后，采取横膈肌脚左右各一块肉样，与肉体编写同一号码，送做旋毛虫检疫。检查时撕去肌膜，先用肉眼观察有无小白点，然后从肉样上剪取24个小肉粒，放在低倍显微镜下，按顺序移动玻片，检查有无旋毛虫。同时，注意检查住肉孢子虫和钙化了的囊虫。检查时，如肉样模糊不清，可加1滴1%～2%盐酸溶液，以增加肉样的清晰度。如发现旋毛虫时，应根据号码查对肉尸、内脏和头，统一进行处理。

在旋毛虫检疫时，往往会发现住肉孢子虫和发育不完全的囊虫，虫体典型者，容易辨认。如发生钙化、死亡或溶解现象时，则容易混淆，在检查时应注意鉴别。

(二)牛的宰后检疫要点　牛的宰后检疫顺序与猪基本相同，但检疫方法和着眼点略有不同。牛宰后检疫的顺序分为头部、内脏和胴体三部分。

1. 头部检疫　将去皮的牛头角朝下置于平台上，首先触检唇、齿龈黏膜和下颌骨等，然后将口唇部朝前，咽喉部向后，用刀沿下颌骨内侧切开两侧咬肌，左手用钩从下颌骨间隙将舌头向外拉出，再用力顺着舌根部两侧沿下颌角切开，剖检咽后内侧淋巴结和下颌淋巴结。注意炭疽、口蹄疫，检查头和舌的形状、硬度，注意有无结核、放线菌病，再纵剖舌肌及咬肌检查有无囊尾蚴病。

2. 内脏检疫 牛的脏器较大，开膛后常分为胸腔脏器和腹腔脏器两部分进行检疫。

(1)胸腔脏器 一般将心、肺吊挂检疫，钩在两气管环之间，使纵隔面向着检疫人员。先观察肺脏表面有无结核病灶，有无充血、出血、溃疡、变性、肝变及化脓等病变。用手触检肺脏及气管，检查有无结核、肿瘤和化脓灶等。同时，剖检左、右支气管淋巴结和纵隔淋巴结，检查有无病变。再剖检食管，水牛常见有住肉孢子虫寄生。

检查心脏时，先剖开心包，检查有无心包炎和心外膜异常，然后切开左心和主动脉管，检查心内膜、瓣膜和心肌等有无病变，心脏内血液凝固情况，并注意心肌有无炎症、变性和囊尾蚴寄生。

(2)腹腔脏器 牛的肠、胃、脾、肝等通常放在平台上检疫。检查胃肠先是观察浆膜有无异常，必要时，剖检肠系膜淋巴结和胃黏膜。检查脾脏应注意其大小、色泽和外形，必要时剖检脾髓。如发现脾肿大，即应疑为炭疽，必须立即采取相应措施。

检查肝脏应注意其形态、大小、色泽等有无异常，并触检其弹性、剖检肝门淋巴结和肝胆管有无寄生虫及硬变，再切开肝实质，检查有无结核、化脓、坏死和肿瘤等病变。母牛还应剖检乳房及其淋巴结及子宫，注意检查结核病和布鲁氏菌病等。

3. 肉体检查 剖检肩前、髂内、腹股沟淋巴结，注意淋巴结的变化。再剖检前腿肌和后腿肌，观察有无住肉孢子虫(主要是水牛)和囊虫(黄牛)等。视检肾脏和胸腹腔，应注意有无结核和腹膜炎、出血等。住肉孢子虫主要寄生在肌肉组织间，为与肌纤维平行的包囊状物，多呈纺锤形、圆形、圆柱状或卵圆形等形状，颜色为灰白色至乳白色，包囊的大小差别很大，大的长径可达 5 厘米，横径可达 1 厘米，通常其长径约 1 厘米或更小，其危害肉品利用价值，甚至使肉不能食用。

(三)羊的宰后检疫要点　羊的宰后检疫很少发现疾病，其检疫顺序和手续也较简单，一般不检疫头部。内脏检疫，首先应注意脾脏是否肿大，如发现脾脏肿大，应通过实验室检查，排除炭疽可疑。对胃肠浆膜应注意观察有无异常，肝脏必须剖检注意有无变性、寄生虫、硬变或肿瘤等病变。其肉尸一般只用肉眼观察体表和胸、腹腔有无黄疸、炎症和寄生虫等病变。通常只剖检肩前淋巴结和股前淋巴结，发现可疑病变时，再剖开其他淋巴结，进行仔细检查。

(四)家禽的宰后检疫要点　鸡无淋巴结，鸭和鹅只有颈胸部和腰部两群淋巴结，而且很小，所以家禽的宰后检疫只检查胴体和内脏。

1. 胴体检疫

(1)判定放血程度　煺毛后视检皮肤的色泽和皮下血管的充盈程度，以判定胴体放血程度是否良好。放血不良的光禽，皮肤呈暗红色或紫红色，皮下血管充盈，杀口留有血迹或血凝块。放血不良的光禽应及时剔除，并查明原因。

(2)体表和头部的检查　观察体表有无出血、水肿、痘疮、化脓和创伤等；检查眼、鼻、口腔有无病变；观察体表的清洁度，以判定加工质量和卫生状况。

(3)体腔的检查　半净膛的禽将扩张器从肛门插入腹腔内，并用手电筒照射探视肝、胃、脾、卵巢、腹腔脂肪和腹腔等有无病理变化，如肿胀、充血、出血、结核、肿瘤和寄生虫等，还应检查腹腔内有无血块、粪污、断肠及破胆等。全净膛的禽，可采用肉体与内脏对照检疫的方法。

2. 内脏检疫　全净膛加工的家禽，取出内脏后依次对其进行检疫。

(1)肝　检查外表、色泽、形态、大小及软硬程度有无异常，胆囊有无变化。

(2)心　心包膜是否粗糙，心包腔是否积液，心脏是否有出血、形态变化及赘生物等。

(3)胃　腺胃、肌胃有无异常，必要时应剖检。剥取肌胃角质层后，检查有无出血、溃疡；注意腺胃黏膜、乳头有无出血点、溃疡等。

(4)肠管　视检整个肠管浆膜及肠系膜有无充血、出血及结节，特别注意小肠和盲肠，必要时剪开肠管检查黏膜。

(5)卵巢　母禽应检查卵巢是否完整，有无变形、变色及变硬等异常现象。

半净膛加工的家禽，肠管拉出后，按上述全净膛的方法仔细检查。

不净膛的家禽一般不检查内脏。但在体表检查怀疑为病禽时，可单独放置，最后剖开胸腹腔，仔细检查体腔和内脏。

3. 复检　对在生产线上检出的可疑光禽，连同脏器一律送复检台，进行详细检查，然后进行综合判断。

四、屠宰检疫结果的登记与处理

(一)屠宰检疫结果的登记　驻厂(场、点)官方兽医应逐日详细登记屠畜宰前、宰后检疫结果及处理情况，并填写屠宰厂(场、点)屠宰检疫(日、月)登记表，将在屠宰厂(场、点)回收的有关检疫证明、登记表分类按序装订成册，以便统计和查考。

(二)屠宰检疫结果的处理

1. 合格动物产品的处理　经宰前、宰后检疫合格的动物产品，官方兽医应逐头加盖全国动物卫生监督机构统一使用的验讫印章或加封动物卫生监督机构使用的验讫标志，并出具动物检疫合格证明方能出厂(场、点)销售。

2. 不合格动物产品的处理　经检疫不合格的动物产品，在驻厂(场、点)官方兽医的监督指导下,按《病害动物和病害动物产品生物安全处理规程》(GB 16548—2006)规定的方法,由厂方(畜主)进行无害化处理,并填写无害化处理登记表。

几种实用的无害化处理方法如下。

(1)*煮沸法*　先将肉尸分割成重量不超过 2 千克,厚度不超过 8 厘米的肉块,再将肉块上的血污、污物和病变洗刷干净,然后放入锅内加水蒸煮。肉块在有盖锅内煮沸 2 小时,使肉内温度达到 80℃,肉的切面呈灰白色,流出肉汁无血水时,便可认为无害。

(2)*烘烤法*　肉品先用盐腌,每 50 千克肉加盐 1.5 千克,腌制 24 小时后,送入烤炉烘烤 5 小时后使室温保持在 50℃以上即可达到无害。

(3)*熏制法*　肉品按上法先经腌制,再在皮面上涂以胭脂,挂在熏肉箱(柜)内,用各种树皮、木柴屑、花生壳、木炭等在不超过 30℃的温度下熏制 24～48 小时。

(4)*高压蒸煮法*　把肉尸切成重量不超过 5 千克的肉块,放在高压锅内,以 152 千帕的压力持续处理 1 小时,即可达到无害。

(5)*盐腌法*　即用食盐腌制以达到杀灭某些寄生虫和细菌的目的,分干腌和湿腌 2 种方法。

五、动物产品的检疫要点及处理

(一)动物产品的检疫要点　动物产品指动物的肉、生皮、原毛、绒、脏器、脂肪、血液、精液、卵、胚胎、骨、蹄、角、筋以及可能传播动物疫病的奶、蛋等。除上述对动物胴体和内脏进行的屠宰检疫外,对于其他部位一般以消毒为主,不做专门检疫。动物产品符合下列条件即视为合格。①来自非封锁区,或者未发生相关动物疫情的饲养场(户);②按有关规定消毒合格;③农业部规定需要进行实验室疫病检测的,检测结果符合要求。

(二)动物产品的处理　主要是对毛类、皮张、骨、角的消毒。

由于动物产品来源比较分散，难免混进患病动物的产品，在收购、运输、贮存、加工等过程中很容易散播病原，对人、畜都有一定危害。因此，必须进行消毒，以免疫病传播。

1. 角、骨、蹄的消毒 对待运的骨、角、蹄等，一般进行散装消毒，即将杂骨等堆积20～30厘米厚，然后用喷雾器喷含有3%～5%活性氯的漂白粉或4%克辽林溶液，夏季在消毒液内加0.3%～0.5%的敌敌畏，用以杀死骨内的虫蛆。

2. 皮张、毛类的消毒 对传染病病畜的皮张和被污染的毛类，可应用化学药物进行消毒。如猪瘟病猪皮张可置于5%氢氧化钠食盐饱和溶液内，温度控制在17℃～20℃，浸泡24小时，或用环氧乙烷消毒（将整捆皮张放置于特制的消毒袋或消毒箱中，通入环氧乙烷进行强力杀菌），或用甲醛溶液熏蒸消毒法，用药量25毫升/米^3，密闭门窗16～24小时。

第五章　主要动物疫病的检疫

第一节　一类动物疫病的检疫

一、口蹄疫

【病　原】　口蹄疫是由口蹄疫病毒引起的偶蹄兽的一种急性发热性高度接触性传染病。其临诊特征是在口、舌、唇、鼻、蹄部和乳房等部位发生水疱，破溃形成溃烂。

【流行病学特点】　口蹄疫能侵害多种动物，偶蹄兽为最易感（猪、牛、羊等），但不同偶蹄兽的易感性差别较大。牛最易感，发病率几乎达100%，其次是猪，再次是绵羊、山羊，人对口蹄疫易感性很低，仅见个别病例报告。

病畜是主要的传染源，尤其是潜伏期和正在发病的动物。该病主要的传播方式为接触性传播和气源性（含有病毒的空气）传播，接触传播又可分为直接接触和间接接触两种传播方式。消化道是最常见的感染门户。口蹄疫传染性强，传播猛烈，发病没有严格的季节性，以秋末、冬春多发，一经发生往往呈流行性。

【临床症状】　典型口蹄疫的症状是发热，口腔黏膜、蹄部皮肤和乳房上出现特征性水疱。表现程度与动物种类、品种、免疫状态和病毒毒力有关。新生幼畜的特征是无鹅口疮性的急性和最急性心肌炎经过，通常以死亡终结。

1. 牛　潜伏期为2～7天，少数达11天。病牛表现为体温升高，心跳加快，唾液增多而黏稠，常在口边悬成长线。1～2天后，在唇内面、齿龈、舌面和颊部黏膜发生蚕豆大至核桃大的水疱。经过一昼夜水疱破裂形成烂斑，愈合后成瘢痕。在口腔发生水疱的同时或稍后，蹄冠、蹄叉的柔软皮肤上发生水疱，并很快破溃糜烂，形成痂块。实践证明，乳房上口蹄疫病变多见于纯种牛，黄牛较少发生。哺乳犊牛患病时，水疱症状不明显，常以心肌损害为主，病死率很高。

2. 羊 潜伏期1周左右，症状轻微，绵羊以蹄部出现水疱为主，水疱仅有豆粒大小。山羊少有蹄部损害，但整个口腔黏膜（舌除外）上出现蚕豆大水疱，水疱皮薄，易破裂形成鲜红色烂斑，呈糜烂性口膜炎症状，这是山羊口蹄疫的典型症状。羔羊常因心肌炎而死亡。

3. 猪 潜伏期很短，一般为1～3天。病猪以蹄部水疱为主要特征。严重时蹄冠水疱连成片，常使角质和基部分离造成“脱靴”，此时病猪常爬行或伏地不起，踢之疼痛鸣叫，这是典型症状。鼻镜及口腔黏膜也常见有水疱或烂斑。哺乳仔猪不见上述症状，多突然死于心肌炎。

【病理变化】 除口腔、蹄部的水疱和烂斑外，在咽喉、气管、支气管和前胃黏膜有时可发生圆形烂斑和溃疡，上盖有黑棕色痂块。皱胃和小肠黏膜可见出血性炎症。在幼畜心肌切面有灰白色或淡黄色斑点或条纹，形似老虎身上的斑纹，称为“虎斑心”。心脏松软，似煮过的肉。

【诊　断】 确诊本病可采用病毒分离、血清中和试验、补体结合试验、乳胶凝集试验、免疫电泳技术、酶联免疫吸附试验等方法。毒型鉴别诊断可用反向间接血凝试验，检验时注意与猪水疱病的鉴别。目前国际兽疫局正推荐标准化的酶联免疫吸附试验，并有代替中和试验和补体结合试验的趋势。

【检疫处理】 当有疑似口蹄疫发生时，除及时进行诊断外，应立即向上级有关部门上报疫情，同时在疫区严格实施封锁、隔离、消毒、扑杀等综合性措施；疫区解除封锁的时间，是在最后一头病畜急宰后14天，并需经过全面大消毒，方可解除封锁。扑杀后的肉尸，应按《病害动物和病害动物产品生物安全处理规程》(GB 16548—2006)规定处理。

二、猪水疱病

【病　原】 猪水疱病又名猪传染性水疱病，是由猪传染性水疱病病毒引起的流行性强、发病率高的急性传染病。临诊上以蹄部、口部、鼻端和腹部乳头周围发生水疱为特征。其症状与口蹄疫极为相似，但牛、羊等家畜不发病。

【流行病学特点】 在自然流行中，本病仅发生于猪，猪只不分年龄、性别、品种均可感染。在猪只饲养密度高的地区容易造成本病的流行，在分散饲养的情况下，很少引起流行。病猪、潜伏期的猪和病愈带毒猪是本病的主要传染源，通过粪便、尿液、水疱液、乳汁排出病毒。接触传播是主要的传播方式之一，病毒可通过受伤的蹄部、鼻端皮肤、消化道黏膜而进入体内。传播一般没有口蹄疫快，发病率也较口蹄疫低。

【临床症状】 典型的水疱病常见主趾和跗趾的蹄冠上有特征性的水疱，继而融合破溃，形成溃疡，真皮暴露，颜色鲜红。病变严重时蹄壳脱落，因此病猪行走艰难，卧地不起。有时在鼻端、舌面上也形成水疱或烂斑。接触感染一般经2～4天的潜伏期出现原发性水疱，5～6天出现继发性水疱，一般3周即可恢复到正常状态。

【病理变化】 水疱性损伤是猪水疱病最典型和具代表性的病理变化，没有固有的病理解剖学特征，诊断价值不大。

【诊　断】 猪水疱病可通过反向间接血凝试验与口蹄疫进行鉴别诊断，也可用补体结合试验、病毒中和试验、免疫荧光抗体试验、琼脂凝胶扩散试验、酶联免疫吸附试验等方法进行确诊。

【检疫处理】 检疫时，若发现可疑病例，应严格隔离消毒，经诊断确定为本病时，立即封锁，并上报有关部门，就地对全群动物做扑杀销毁处理。扑杀后对尸体、被污染的场地和猪场喷洒1%氢氧化钠溶液，然后对尸体及组织块进行销毁处理。

三、猪　瘟

【病　原】 猪瘟是由猪瘟病毒引起的一种高度传染性疾病。其特征为急性经过、高热稽留、死亡率很高和小血管壁变性引起的出血、梗死和坏死等变化。

【流行病学特点】 本病仅发生于猪，其他动物有抵抗力。易感猪群受到本病传染之后，起初首先发病的个别猪只常呈最急性经过，随后发病头数不断增多，主要呈急性经过，1～3周内达到流行高峰。以后流行趋向低潮，一般为亚急性型，最后留下少数病猪。本病发病率和死亡率都很高，均在90%以上。但在本病常发地区，猪群有一定免疫性，其发病率和死亡率较低。病猪是本病的主要传染源，其次是带毒猪及其产品，人和其他动物也能机械地传播病毒。感染门户是扁桃体或呼吸道，也可通过皮肤或伤口感染。

【临床症状】 根据临床症状猪瘟可分为最急性型、急性型、亚急性型和慢性型4种。

1. 最急性型 突然发病，症状急剧。主要表现高温稽留，皮肤和黏膜发绀和出血，经1天至数天死亡。

2. 急性型 此型最为多见。典型症状是病毒在所有年龄猪中迅速传播，表现为发热、结膜炎、厌食、呕吐、腹泻、呆滞和步态蹒跚，并伴有白细胞减少等症状。发病初期，发生结膜炎导致流泪，有些猪也排鼻黏液。病猪先是便秘，继则腹泻。出现临床症状后数天，在腹部皮肤、鼻镜、耳部出现紫色褪色斑点，最后可发展到两肢中间皮肤。发病后期，多数猪发生典型的背腰拱起，颤抖，摇摆不稳，随后常是后肢麻痹。精神高度沉郁，伏卧嗜睡，怕冷。神经表现敏感，发出尖叫声，行动缓慢，病猪体温上升至41℃以上，稽留不退。

3. 亚急性型　症状与急性型相似，但较缓和，有时好转，病程3～4周。

4. 慢性型　特征是病期长，断断续续的厌食，体温升高，表现病毒血症和腹泻。先是脱毛，继而发生皮炎。有的皮肤有紫斑或坏死痂皮。病程1个月以上，有的能康复，持续感染可使病猪成为僵猪。

【病理变化】

1. 最急性型　一般仅在某些浆膜、黏膜和内脏有少数出血斑点。

2. 急性型　黏膜、浆膜、淋巴结、心、肺、喉头、肾盂、膀胱、胆囊等处常有数量不等、程度不一的出血斑点；淋巴结呈大理石状外观，以腹腔内淋巴结最为典型，肿大、呈暗红色、切面多汁，呈弥漫性出血或周边出血；脾不肿大，有的可见出血性梗死，以边缘最为多见；扁桃体常有炎症；脑的变化以充血为主。

3. 慢性型　主要病变为坏死性纤维素性肠炎，一般见于回肠末端、盲肠和结肠黏膜上形成同心轮层状的扣状肿，呈黑褐色，突出于黏膜表面，中央低陷，有的剥脱形成溃疡，这是慢性猪瘟的典型特征。

【诊　断】　确诊猪瘟常采用直接免疫荧光试验、免疫酶染色试验和兔体交互免疫试验等方法。血清学检查则以中和试验为主。

【检疫处理】　检疫时，若发现猪瘟病猪或疑似猪瘟病猪，应立即隔离或扑杀，其余有感染可能的猪只，就地隔离、观察；场舍、用具、垫草、粪水、吃剩的饲料都应充分消毒；扑杀的病猪以深埋为原则，如必须利用，应在隔离的条件下屠宰加工；高温处理的猪肉和内脏，应在24小时内处理完毕。

四、非洲猪瘟

【病　原】 非洲猪瘟是猪的一种急性热性高度接触性病毒传染病。其特征是身体无毛或少毛部位有紫绀区和内脏器官严重出血，许多部位发生水肿。本病病程短，死亡率高达100%，其临床症状、病理变化与急性猪瘟十分相似，但更为急剧。

【流行病学特点】 本病仅猪和野猪感染，主要通过污染的饲料、饮水、用具和场舍等传播，以直接接触传播方式为主。康复猪带毒时间很长。猪群初次发生时，传染很快，发病率和死亡率都很高。目前我国尚无本病发生，应加强防范。

【临床症状】 非洲猪瘟临床症状复杂多变，可分为最急性型、急性型、亚急性型和慢性型。

1. 最急性型 主要特征是突然死亡。病猪体温高达41℃～42℃，呼吸急促，皮肤充血，有时厌食，有时在采食时突然死亡。病猪死亡率可达100%。

2. 急性型 潜伏期4～6天，病猪可见突然高热，在高热最初的24小时内，病猪表现正常，能继续采食，在死亡前24小时内，常见体温显著下降。病猪表现厌食，显著委顿，站立困难，行动无力，喜欢安静地挤在一起，呼吸困难，时有咳嗽，有时便秘和呕吐，粪便带血，皮肤充血并发绀，尤其在耳、肢端和腹部皮肤，呈大小不一和范围广泛的不规则的淤斑、血肿和坏死斑。病程4～7天，病死率为95%～100%。

3. 亚急性型 症状与急性型很相似，差别在于病情的严重程度和病期的长短。

4. 慢性型 病猪主要呈慢性肺炎症状，呼吸困难，时发咳嗽等。体温呈不规则波浪热。皮肤可见坏死、溃疡、斑块或小结节，耳、关节、尾巴和鼻、唇等处常可见坏死性溃疡，腿关节呈无痛性软性肿胀，多见于腕和跗关节，也见于颌部。病程数周或数月。

【病理变化】 非洲猪瘟的病变与猪瘟十分相似。

1. 最急性型 常以内脏器官的严重出血为特征，但在一些还没有出现症状便已死亡的病例中，肉眼可见病变极少。

2. 急性型 最显著的病变特征是脾肿大，可达原来的几倍，颜色变深，有时为黑色，非常软，易碎。淋巴结尤其是内脏淋巴结严重出血，状似血瘤。这是非洲猪瘟与猪瘟的重要区别。非洲猪瘟内脏出血广泛，胃、肝门淋巴结和肠系膜淋巴结出血十分严重，有时像一个血块。肾周围少见肿胀，常见针尖大的出血点和弥漫性出血。胃肠黏膜有炎症和斑点状或弥漫性出血变化，或有溃疡。胆囊壁增厚，内充满血液和胆汁的混合物。胸腔和心包内液体增多，常见有大量的心包积液、腹腔积液、胸腔积液和肺水肿。

3. 亚急性型 淋巴结和肾出血严重，肾皮质表面可能出现火鸡蛋样外观。骨盆内可能有严重出血。大肠常见黏膜出血及血样内容物。

4. 慢性型 淋巴网状内皮组织增长是慢性非洲猪瘟病猪剖检时所见的最显著特征之一，还常见纤维素性心包炎和胸膜炎，肺部常有干酪样坏死和钙化灶。死于慢性非洲猪瘟的猪，一半以上患有肺炎。

【诊　断】 非洲猪瘟与猪瘟在急性、发热性和出血性综合性病变方面都很相似，通过临诊检疫和病理剖检很难区分开来，因而必须用实验室方法才能确诊。非洲猪瘟的实验室诊断方法分为两类：第一类包括病毒分离、病毒抗原和基因组 DNA 的检测，主要有红细胞吸附试验、直接荧光抗体试验、聚合酶链式反应技术；第二类包括抗体的检测，主要有酶联免疫吸附试验、间接荧光抗体试验、免疫印迹试验、对流免疫电泳试验。试验方法的选择主要依据某一地区的疫病情况而定。

【检疫处理】 检疫时，若发现可疑病猪，应立即封锁，确诊后，全群扑杀、销毁，彻底消灭传染源；对场舍、用具及装载工具、垫料等，应就地进行无害化处理，防止疫情扩散。

五、高致病性猪蓝耳病

【病　原】 高致病性猪蓝耳病是由猪繁殖与呼吸综合征（俗称蓝耳病）病毒变异株引起的一种急性高致死性疫病。仔猪发病率可达100%，死亡率可达50%以上；母猪流产率可达30%以上，肥育猪也可发病死亡。

【流行病学特点】 高致病性猪蓝耳病是近年来在我国出现的一种急性热性传染病，传播速度快、发病面广。主要表现为病猪高热，食欲废绝，皮肤发红，耳尖发紫，并发其他传染病。有极高的发病率和死亡率，目前尚无特效治疗药物，对养猪业的危害极大，是目前养猪业重点防范的疫病之一。2006年以前，本病在我国个别猪场也有零星散发，2006年春季后，在我国的南方各省陆续发生，呈暴发性流行，造成大批猪只死亡，并迅速席卷全国。不同年龄的猪均可感染，肥育猪和保育猪发病率较高，体重为20～80千克的猪均有发生，其中以20～50千克的猪发病较多，其他阶段的猪发病率较低或不发病。发病的主要对象是断奶前后的仔猪，有极高的发病率和死亡率。本病以死亡率高、治愈率低而闻名。大型猪场和大山区发病少，小型猪场、散养户和平原与浅丘陵地区发病多。本病一般多发生于夏季，每年的6～8月份，长时间处于37℃左右的气温下，则本病的发病率明显增高，传染源是发病猪和带毒猪，推测疫病有可能经空气传播。

通过流行病学调查表明，近年来本病的流行特点主要表现为以下5个方面：一是流行快、发病广、危害重、多途径传播。临床表现趋于复杂化，发病程度日渐加重，由流产风暴型转向混合感染高热型。二是仔猪和肥育猪感染死亡率呈上升趋势，体重在20～80千克的猪都有发生，其中以20～50千克体重的猪发病较多，其他阶段年龄的猪发病率较低或不发病；三是亚临床感染日趋普遍，临床症状不明显，主要表现高热和食欲下降；四是免疫抑制，常继发其他疾病（如链球菌病、猪瘟等），也会影响其他疫苗（如猪瘟疫苗）的免疫效果；混合感染呈上升趋势。五是多发生在夏季 6～8 月份，呼吸道是本病的主要感染途径，从规模猪场的发病情况看，一些应激性的饲养管理因素会引起发病的加剧，包括空气质量、真菌毒素、断奶应激、环境气温变化等，可促进猪蓝耳病的流行。

【临床症状】 病猪体温明显升高，可达 41℃以上；眼结膜发炎、眼睑水肿；有咳嗽、气喘等呼吸道症状。部分猪有后躯无力、不能站立或共济失调等神经症状。仔猪发病率可达 100%，死亡率可达 50%以上。母猪流产率可达 30%以上，成年猪也可发病死亡。

【病理变化】 可见脾脏边缘或表面出现梗死灶，显微镜下见出血性梗死；肾脏呈土黄色，表面可见针尖至小米粒大的出血点，皮下、扁桃体、心脏、膀胱、肝脏和肠道均可见出血点和出血斑。显微镜下可见肾间质性炎，心脏、肝脏和膀胱有出血性、渗出性炎等病变。部分病例可见胃肠道出血、溃疡、坏死。

【诊断】 确诊本病可采用病毒分离和反转录-聚合酶链式反应技术（RT-PCR）两种方法。高致病性猪蓝耳病病毒分离鉴定阳性或高致病性猪蓝耳病病毒反转录-聚合酶链式反应技术检测呈阳性者均可判定为疑似高致病性猪蓝耳病。

【检疫处理】 检疫时，若发现可疑病猪，应立即上报疫情，确诊后按照《高致病性猪蓝耳病防治技术规范》进行处理。

六、非洲马瘟

【病　原】 非洲马瘟是由病毒所引起的单蹄兽的急性或亚急性传染病。其特征是发热，水肿，部分脏器出血，出现与呼吸、循环功能障碍有关的临床症状和病理变化。本病主要发生在非洲，近年来常传播到中东、南亚及其他一些地方。

【流行病学特点】 在自然条件下，马匹尤其是幼龄马易感性最高，骡、驴的易感性依次降低。新疫区病马病死率高，老疫区多呈隐性感染而带毒。非洲马瘟不能由病马直接传给健马，即使是病马、健马同居混饲也不传播感染，而是通过媒介昆虫吸血传播。本病的媒介昆虫主要是库蠓、伊蚊和库蚊等，因此本病的发生和流行有明显的季节性。本病易流行于温暖潮湿的夏、秋季，多发于沼泽地等地势低洼的农牧场，且夜间感染较多。

【临床症状】 自然感染病例的潜伏期为 5～7 天。病马由于发生水肿的部位不同，临床症状有所差异，常见病型有肺型、心型、肺心型和发热型。

1. 肺型 呈急性经过，多见于流行暴发初期或新流行地区。一些病例经 2～3 天的潜伏期后，体温突然上升至 41℃～42℃，持续 2 天降至常温。病马表现结膜炎、呼吸促迫和脉搏加快，5～7 天后死亡。

典型病例表现为在持续高热的同时迅速变为显著衰弱，精神非常沉郁，脉搏细数，心跳加快，呼吸困难。结膜呈黄红色或污秽红色，流泪，畏光。随着水肿的发展，呼吸更加困难，病马头颈伸直，张口伸舌，鼻孔开张。上述症状通常在发病 1 周后发展到极致。死前 1～2 天，突然发生剧烈的痉挛性干咳，同时从鼻孔流出大量含泡沫的黄色液体，不久即死亡。只有少数病例到第二周后康复。

2. 心型 呈亚急性经过，潜伏期 3～4 周。表现为病初眼窝水肿，随后消退或进一步肿大并扩散到头部及舌，有时蔓延到颈部、胸腹下甚至四肢。可视黏膜发绀，脉搏细弱频数。心型病例较肺型病例康复比例高，而且整个病程也较长，均在 10 天以上。

3. 肺心型 呈亚急性经过。对具有一定抵抗力的马匹，病毒可同时侵染肺部和心部，病马出现肺型和心型两个类型的临床症状，肺水肿和心脏循环衰竭通常导致缺氧死亡。

4. 发热型　潜伏期长，可达 1 个月以上，病程短。病马表现厌食、结膜微红、脉搏加快、呼吸缓慢并有轻微的呼吸困难。

【病理变化】　本病最具特征及最常见的病变是皮下和肌肉间组织胶样浸润，并以眶上窝、眼和喉尤为显著。胃底黏膜卡他性肿胀一直延伸到小肠前部。咽、气管、支气管充满黄色浆液和泡沫，约 2/3 的病例有急性水肿，心内膜和心包膜有出血点和出血斑，心肌变性。有些病例胸腔和心包积存大量黄白色或红色液体，淋巴结急性肿大，肝和胃充血。

【诊　断】　确诊本病主要采用病原分离和鉴定。血清学试验有补体结合试验、酶联免疫吸附试验和免疫琼脂扩散试验等方法。

【检疫处理】　检疫时，若发现疑似病例，应将病马和可能接触过的马匹分别隔离，系养在防虫厩舍。在动物体及厩舍内每日洒杀虫剂。尽量少移动发病的病马，死亡马匹深埋或焚烧。如已确诊，应将周围 100～200 千米范围定为受威胁区，严禁移动区域内的易感动物，并进行紧急预防接种。在发病的地方，将所有表现有症状的病马完全扑杀，不能进行扑杀处理的马匹要隔离治疗。

七、牛　瘟

【病　原】　牛瘟是由牛瘟病毒引起的牛的一种急性败血性传染病，俗称“烂肠瘟”或“胆胀瘟”等。临床特征是发热，在齿龈、舌、颊和硬腭上出现渐进性浅表糜烂，并伴有浆液性或黏液脓性眼、鼻分泌物。病原侵入消化道后，出现严重腹泻。病程短，死亡率高。

【流行病学特点】　本病主要感染牛，牦牛易感性最大，黄牛次之。其他反刍动物如山羊、绵羊、骆驼和鹿以及猪也有易感性。牛瘟病牛是主要的传染源，症状明显的病牛和潜伏期的牛同样危险。病牛体内带有大量病毒，随时排出，特别在尿液中最多。病畜恢复后产生终生免疫力，没有带毒及长期排毒现象。牛瘟传播的途径为消化道。可通过直接接触方式传播,也可经空气短距离传播,但可能性较小。病毒不能通过完整的皮肤和胃肠黏膜感染,仅猪可以通过胃肠感染。

牛瘟流行有明显的季节性,过去在我国发病最多的季节是每年12月份至翌年4月份,主要由于家畜和畜产品的交易及冬、春季节牧场畜群转移所致。另外,也可能由于冬季气温低,病毒在外界生存期较长所致。自1956年以来我国再无本病发生。

【临床症状】 潜伏期3~9天,根据症状可分为急性型、非典型型和隐性型。

急性型表现为急性发热,部分病畜食欲减退、便秘,结膜高度潮红,眼睑肿胀流泪,稍迟泪水变为黏性或黏液脓性,结膜表面可能形成假膜,口、鼻大量流涎,精神沉郁及鼻镜干燥。特征性临床症状是在糜烂出现之前,口腔发生坏死性病变,即在下唇和齿龈上出现隆起的、苍白的、小针头大小的坏死上皮斑点,很快在下齿龈和牙床的边缘、舌下、颊、颊的乳突和硬腭上出现。2~3天后,大片口腔坏死明显增加。大量的坏死物质脱落形成浅表的、不出血的黏膜糜烂。另一个特征是腹泻。

有些非典型病例,不出现全部典型症状,有些以消化道功能紊乱为主,有些以呼吸道功能紊乱为主,特别在本病经常流行地区,常出现顿挫型经过,只表现4~5天不适及中度发热,并伴以轻微胃肠卡他症状而痊愈。

猪常为隐性感染,有的出现症状,主要为高热、不食和腹泻。

【病理变化】 牛瘟主要的特征性病理变化是整个消化道黏膜都发生炎症和坏死性变化,特别是口腔、皱胃和大肠黏膜损害最显著和具有特征性,常形成纤维素性坏死性假膜,假膜脱落形成出血性烂斑。回盲瓣的肿胀出血是牛瘟的特征之一。此外,病畜的大部分器官和组织呈严重的点状出血、出血性浸润、体腔内出血和黏膜浅层发生坏死等败血症状。

胆囊显著肿大，内含有大量胆汁，其黏膜有小点状出血。肾盂和膀胱黏膜呈卡他性肿胀，有时有小点出血。肝脏、脾脏、肺脏一般无变化。呼吸道黏膜潮红肿胀，有点状和条状出血，鼻腔、喉头和气管黏膜上覆有假膜，假膜下有烂斑或黏液性脓性渗出物。

【诊　断】 牛瘟一般是通过检测病毒、病毒抗原或抗体来进行确诊的。主要方法有病毒分离、病毒鉴定（琼脂扩散试验）、竞争酶联免疫吸附试验（国际贸易规定试验）、中和试验。

【检疫处理】 由于牛瘟的高度传染性，所有分泌物都携带有病毒，所以一旦有牛瘟发生，应在24小时内向上级主管部门上报疫情，还应封锁疫点，消毒、销毁污染器物及环境，对尸体做无害化处理。对可能发病的牛群全部进行紧急免疫接种。

八、牛传染性胸膜肺炎

【病　原】 牛传染性胸膜肺炎又称牛肺疫，是由丝状霉形体引起的牛的一种高度接触性传染病，以发生肺小叶间质淋巴管、结缔组织和肺泡组织的渗出性炎与浆液纤维素性胸膜肺炎为特征。任何年龄和品种的牛均有易感性。

【流行病学特点】 在自然情况下，易感动物主要有牦牛、奶牛、黄牛、犏牛、驯鹿及羚羊，其他动物及人无易感性。传染源主要是有临床症状的病牛，隐性带菌牛可能会成为最危险的传染源。自然感染的主要传播途径是呼吸道，病原从呼吸道排出，通过飞沫传播。成年牛可通过被尿液污染的干草经口感染。本病发病率在60％～70％，病死率为30％～50％。

【临床症状】 在自然情况下，潜伏期平均2～4周，最长可达8个月。按其经过可分为急性型和慢性型。

1. 急性型　体温升至40℃～42℃，呈稽留热，干咳，呼吸加快，鼻孔扩张，前肢外展，显示呼吸极度困难。按压肋间有疼痛表现，不愿行动或下卧，腹式呼吸。有时流出浆液性或脓性鼻液，可视黏膜发绀。呼吸困难加重后，叩诊胸部，患侧肩胛骨后有浊音或实音区。听诊患部，可听到湿性啰音。病程后期，心脏衰弱，脉弱而快，不易在患侧听到心音。前胸下部及肉垂水肿，食欲丧失，尿量减少，便秘与腹泻交替出现。整个病程为15～60天。

2. 慢性型 多数由急性型转化而来，但也有少数一开始即取慢性经过。病牛逐渐消瘦，有时有干性短咳，叩诊胸部可能有实音区。消化功能紊乱，食欲反复无常，但多数病牛无明显症状。

【病理变化】 典型病变是大理石样肺炎和浆液性纤维素性胸膜肺炎。按病程分为初期、中期和后期3个时期。初期病变以小叶性肺炎为特征，主要分布于胸膜脏层之下，病灶大小不一，切面呈红色或灰红色，外形犹如卡他性肺炎病灶。小叶性病灶多数发展为典型病变，少数经过机化或形成包膜而痊愈。

中期病变呈典型的浆液性纤维素性胸膜肺炎。多为一侧性，右侧较多，多发生在膈叶，切面状如多色的大理石图案。小叶间结缔组织扩张，将小叶与小叶群分隔为轮廓不一致的小块。间质的变化是本病中期的特征性病变。

后期病变一种是不完全自愈形态，另一种是完全自愈形态，病灶完全瘢痕化。

【诊　断】 对活牛一般可采用血清学诊断方法确诊，死后病牛可采用病料分离病原体的方法进行确诊。主要方法有细菌学诊断、补体结合试验、快速血清凝集试验、间接血凝试验等。

【检疫处理】 检疫时，若检出可疑病牛，应立即进行隔离、消毒；对确诊的阳性牛做扑杀销毁处理。

九、牛海绵状脑病

【病　原】 牛海绵状脑病又称疯牛病，是由非常规致病因子引起的一种非炎性、变性型的牛中枢神经性疾病（朊病毒病），对牛是致死性的。1987年被定名为牛海绵状脑病。自1985年首次发现疯牛病以来，已遍及欧洲、美洲及亚洲20多个国家，目前我国还没有关于本病发生的报道。

【流行病学特点】 病牛发病年龄多为3～5岁，2岁以下的病牛罕见，6岁以上的牛发病率明显减少。从流行病学特征分析，含有被痒病病原因子污染的反刍动物蛋白的肉骨粉是牛海绵状脑病的传播媒介，牛的潜伏期与感染剂量呈反比。牛海绵状脑病的感染与品种无关，症状的出现与季节和繁殖周期无关。

【临床症状】 一般表现为全身症状和神经症状。

病牛最常见的全身症状是体重下降和产奶量减少，绝大多数病牛食欲良好；最常见的神经症状是精神状态失常，运动障碍和感觉障碍，几乎所有的病牛均呈现神经症状。绝大多数病例表现焦虑不安、感觉过敏和共济失调这三大主要症状中的一种症状。病牛由于胆怯、恐惧，当有人靠近或追逼时，往往出现攻击性行为，故俗称“疯牛病”。

精神异常表现为离群独处、焦虑不安、恐惧、狂暴、神志恍惚、磨牙，耳朵一只前伸，另一只位置正常或向后。

运动障碍表现为共济失调，最初常见轻度的后肢运动失调。病牛快速行走时步态异常，同侧前后肢同时起步，臀腰部摇摆和后肢过度伸展，转弯困难，易摔倒，甚至起立困难或躺卧不起。多数病牛的头、颈和肩部肌肉常震颤，有时涉及全身。

感觉障碍表现为对触摸和声音过度敏感，受声音和触摸刺激时，病牛表现惊恐甚至倒地。有50%左右的病例在挤奶时乱踢乱蹬，部分病牛抗拒检查头部，40%以上的病牛频频舔鼻和胁部，以头摩擦其他物体。

【病理变化】 海绵状脑病无肉眼可见的病理变化，也无生物学和血液学异常变化。典型的组织病理学和分子学变化都集中在中枢神经系统。因此，组织病理学检查具有重要的诊断意义。

【诊　断】 患海绵状脑病的牛，在临床症状出现之前，无法用常规的实验室诊断方法判定其是否感染。因此,牛海绵状脑病的诊断取决于临床症状和中枢神经系统的病理学检查。脑组织的病理学检查是确诊本病的唯一方法。

【检疫处理】 限制活动物贸易,限制肉骨粉贸易及使用,是防治本病的主要方法。目前,我国为防止牛海绵状脑病传入,禁止从有牛海绵状脑病的国家进口牛及其产品。

十、痒　病

【病　原】 痒病又称摇摆病、震颤病,是由痒病病毒引起的侵害绵羊和山羊中枢神经系统的一种潜隐性、退行性疾病。其特征为潜伏期长,剧痒,精神委顿,肌肉震颤,共济失调,衰弱,瘫痪,最终死亡。人类和一些动物也可感染。感染通常引起显著的皮肤过敏,但可能还有部分隐性感染。

【流行病学特点】 不同性别、不同品种的羊均可发生痒病。一般发生于 2～4 岁的羊,以 3.5 岁的羊发病率最高。痒病可以在无关联的绵羊间进行水平传播,病羊不仅可以通过接触将痒病传给绵羊和山羊,也可以通过垂直传播将痒病传给其后代。消化道很可能是自然感染痒病的门户,胎盘在痒病的传播中也起到重要的作用。感染痒病的母羊是主要的传染源,羔羊出生后与发病母羊接触的时间越长,羔羊感染痒病的可能性越大。

【临床症状】 在自然情况下,潜伏期为 1～5 年。特征性症状是病羊不发热,通常发生微小的行为变化,如变得很神经质或具有攻击性,有些绵羊可出现发狂或目光呆滞。病羊在不受到干扰情况下,一般表现正常,一旦受到惊吓则震颤加剧,呈抽搐样跌倒。皮肤过敏,出现瘙痒症状,病羊不断摩擦其背部、体侧、臀部、头颈部,很少在固定的物体上摩擦,却用后腿和角摩擦。皮肤除机械性损伤外,没有皮炎。病羊出现运动异常,如运动时病羊后腿像兔子样齐足跳,摇摆,起立困难。痒病的临床症状通常维持 1～6 个月。

【病理变化】 羊尸除见消瘦和皮肤损伤外，没有肉眼可见变化。

【诊　断】 确诊本病主要取决于临床症状和组织病变。如潜伏期很长，双亲有痒病病史，不断地擦痒，反射性咬唇舔舌和运动性失调，都是很重要的临床症状。组织病理学检查时，在丘脑和延髓可发现病变。

【检疫处理】 本病对畜牧业的影响很大，对公共卫生有潜在性的威胁。在检疫中发现有痒病的动物或疑似痒病的动物，应做全群动物扑杀销毁处理。

十一、蓝舌病

【病　原】 蓝舌病是由蓝舌病病毒引起的绵羊和其他反刍动物的一种非接触性、以昆虫（库蠓）为传播媒介的病毒病，其特征表现为发热，舌部高度充血、肿胀、水肿、突出口外，口腔、鼻腔和胃肠黏膜有溃疡性炎症变化。

【流行病学特点】 蓝舌病病毒主要感染绵羊，所有品种的绵羊均可感染，1岁左右的绵羊最易感。牛和山羊的易感性比绵羊低，通常以隐性感染为主，只有部分牛表现体温升高等症状。蓝舌病生物学传播媒介是库蠓，其发生、传播与环境因素和放牧方式有很大关系，主要发生在温暖、湿润等适宜于媒介昆虫生长活动的夏季和早秋，特别是池塘、河流多的低洼地区。易感动物对口腔途径感染有很强的抵抗力，发病动物的分泌物和排泄物不会引起蓝舌病的传播，其产品如肉、奶、毛等也不会传播。

【临床症状】 绵羊蓝舌病的特征性症状是舌头充血、点状出血、肿大，严重的病例舌头发绀，故有蓝舌病之称。蓝舌病潜伏期一般为3～8天。体温升高1～2天后，症状开始出现，口流涎，口、鼻、嘴唇和口腔黏膜充血。面部、眼睑、耳水肿，水肿可延伸到颈部和腋下。口、鼻和口腔黏膜有出血点或浅表性糜烂，有的动物颈部和舌面出现糜烂。蹄部病变一般出现在体温消退期，开始蹄冠带充血，而后见蹄外膜下点状出血，行走困难。病情加重后，呼吸困难、气喘。死亡率一般为2%～30%。

牛比绵羊易感，但发病较少。牛的临床症状主要为一种过敏反应，表现为体温升高，肢体僵直或跛行，呼吸加快，流泪，唾液增多，唇和舌肿胀，口腔和黏膜溃疡。

【病理变化】 病变主要见于口腔、瘤胃、心、肌肉、皮肤和蹄部。口腔黏膜充血、水肿、发绀，有的还有淤点或淤斑，唇内侧、牙床、舌侧、舌尖、舌面表皮剥脱，瘤胃经常有暗红色区。心肌、心内外膜、呼吸道、消化道和泌尿道黏膜都有小点出血。脾脏轻微肿大，被膜下出血。淋巴结水肿，外观苍白。

【诊　断】 确诊本病常用的方法主要有3大类，即病毒分离、病毒抗原抗体检测和病毒核酸检测。具体方法有免疫荧光试验、琼脂免疫扩散试验、竞争酶联免疫吸附试验、聚合酶链式反应技术等。

【检疫处理】 蓝舌病是严重的传染病和虫媒病毒病，检出阳性动物，全群动物应做扑杀、销毁处理。为防止本病传给人，引进动物应选择在昆虫媒介不活动的季节。

十二、小反刍兽疫

【病　原】 小反刍兽疫是由小反刍兽疫病毒引起的一种急性病毒性传染病，主要感染小反刍兽，以发热、眼鼻分泌物、口炎、腹泻、肺炎为特征。

【流行病学特点】 小反刍兽疫主要感染山羊、绵羊等小反刍兽，山羊高度易感，感染牛则不产生临床症状。病畜的分泌物和排泄物是传染源，处于亚临床的病羊尤为危险。本病主要通过直接接触传染，在密切接触的动物之间可通过空气传播。

本病的潜伏期为4～6天。自然发病主要见于绵羊和山羊，但山羊比较严重，绵羊也偶尔有严重病例发生。

【临床症状】 本病的临床症状与牛瘟相似，主要呈急性发作，以眼和鼻大量排出分泌物为特征。其临床症状为发病急，高热达41℃以上，并可持续3～5天。动物精神沉郁，食欲减退，鼻镜干燥。口、鼻腔分泌物逐步变成黏液脓性，如果病畜不死，这种症状可持续14天。发热开始4天内，齿龈充血，进一步发展到口腔黏膜弥漫性溃疡和大量流涎。在病的后期，常出现血样腹泻。肺炎、咳嗽、胸部啰音以及腹式呼吸也常发生。发病率、死亡率都很高。

【病理变化】 病畜可见结膜炎、坏死性口炎等肉眼病变，病变从口腔直到瘤网胃口。病变部常出现有规则、有轮廓的糜烂，创面红色、出血。特征性病变是在大肠可见到肠糜烂或特征性出血或斑马纹样横纹，特别是在结肠、直肠结合处。淋巴结肿大，脾有坏死性病变。肺部的主要病理变化是支气管肺炎，在鼻甲、喉、气管等处有出血斑。

【诊　断】 确诊小反刍兽疫可采用病毒分离与鉴定或血清学试验等方法进行。血清学方法主要有病毒中和试验、对流免疫电泳试验、酶联免疫吸附试验、琼脂免疫扩散试验、沉淀原抑制试验、间接荧光抗体试验、血凝抑制试验等。

【检疫处理】 小反刍兽疫是国际兽疫局及我国认定的一类严重传染病，检出的阳性动物，必须全群扑杀、销毁。

十三、绵羊痘和山羊痘

【病　原】 绵羊痘由绵羊痘病毒引起，是各种家畜痘病中危害最为严重的一种热性接触性传染病，山羊痘病原是山羊痘病毒，两者的临床症状和病理变化相似。特征是具有典型的病程，在病羊的皮肤和黏膜上发生特异性的痘疹。

【流行病学特点】 病毒主要是通过呼吸道感染，也可通过损伤的皮肤或黏膜侵入机体。在自然情况下，绵羊痘发生于绵羊，不能传给山羊或其他家畜，羔羊较老龄羊敏感，病死率亦高。本病主要在冬末春初流行。

【临床症状】 痘疹发展过程包括红斑、丘疹、水疱、脓疱和痂皮5个阶段。其特征是开始在羊的皮肤少毛区(乳房、乳头、眼睑、唇、鼻翼、颊、四肢和尾内侧)呈现圆形的红色斑疹,直径1～1.5厘米,约2天后红斑转为灰白色丘疹,隆突于皮肤表面,质度硬实,周围有红晕。随丘疹增大,表皮细胞水疱变性,融合成水疱,内含清亮的浆液,继而由于化脓菌的侵入和白细胞浸润,水疱液渐渐浑浊转为脓疱,脓疱破裂或内容物干涸而形成棕色的痂皮,脱痂后痊愈。

【病理变化】 特征性病变是在咽喉、气管、肺和皱胃等部位出现痘疹。在嘴唇、食道、胃肠等黏膜上出现大小不同的扁平的灰白色痘疹,其中有些表面破溃形成糜烂和溃疡,特别是唇黏膜与胃黏膜表面更明显。肺有灰白色圆形隆起的结节,肝和肾也可能有类似病变。

【诊　断】 顿挫型(即良性经过的)羊痘,可用痘疹材料进行敏感同种动物接种,或者取丘疹组织涂抹在玻片上,做姬姆萨染色后,在显微镜下观察病毒包涵体存在来确诊。

【检疫处理】 检疫时,对检出患羊痘的病羊均做扑杀处理。对发病羊群中尚未发病的同群羊,或邻近受威胁的羊群,均可用羊痘鸡胚化弱毒疫苗进行紧急接种。病羊尸体应做深埋或销毁等无害化处理。

对患病肉尸若发现有并发全身性出血、水肿或坏疽者,胴体和内脏作工业用。患局部良性痘症,且全身营养良好,无并发症者,经剥皮或割除痘疹局部后出场。

十四、高致病性禽流感

【病　原】 高致病性禽流感亦称鸡瘟,是由A型流感病毒引起的禽类的一种急性、高度致死性传染病。以呼吸道症状、头颈水肿、发绀和腹泻为特征。本病一旦传入鸡场,会造成巨大的经济损失。

【流行病学特点】 流感病毒能感染多种家禽和野禽,在家禽中以鸡和火鸡的易感性最高。家禽及其尸体是主要的传染源。禽流感病毒存在于病禽和感染禽的消化道、呼吸道和禽体脏器组织中,因此病毒可随眼、鼻、口腔分泌物及粪便排出体外,含病毒的分泌物、粪便、死禽尸体污染的任何物体,如饲料、饮水、鸡舍、空气、笼具、饲养管理用具、运输车辆、昆虫以及各种携带病毒的鸟类等均可机械性传播本病。禽流感的传播方式有病禽与健康禽直接接触传播和与病毒污染物间接接触传播两种,通过呼吸道和消化道感染,引起发病。发病率和死亡率高低与毒株有关。

【临床症状】 本病潜伏期一般为3～5天,常突然暴发,急性感染的禽流感无特定临床症状,在短时间内大批死亡,一般病程为1～2天。症状可表现为呼吸道、消化道、生殖系统或神经系统的异常。常见的症状有体温升高、精神沉郁、饲料消耗量减少及消瘦;母鸡就巢性增强,产蛋量下降;轻度到严重的呼吸道症状,包括咳嗽、打喷嚏、啰音和大量流泪;头部和脸部水肿,无毛皮肤发绀,神经紊乱和腹泻。发病率和死亡率取决于感染的毒株以及禽类种别、年龄和环境等因素,常见的情况为高发病率和低死亡率。在高致病力病毒感染时,发病率和死亡率可达100%。

【病理变化】 本病的特征性病变是皮下水肿,纤维素性肺炎、心囊炎和体腔积液,口腔、腺胃、肌胃角质膜下层和十二指肠出血。胸骨内面、胸部肌肉、腹部脂肪和心脏均有散在性的出血点。头、眼睑、肉髯、颈和胸等部分肿胀,组织呈淡黄色。肝、脾、肾、肺常见灰黄色小坏死灶。

【诊　断】 确诊本病主要采取病毒分离与鉴定、血凝试验与血凝抑制试验、琼脂凝胶扩散试验、免疫电泳试验、中和试验、酶联免疫测定技术等方法。

【检疫处理】 检疫时若发现可疑病例，应立即进行隔离、消毒。确诊后，应严格按照农业部《高致病性禽流感疫情判定及扑灭技术规范》(NY 764—2004)的要求处理。

十五、鸡新城疫

【病　原】 鸡新城疫主要是侵害鸡和火鸡的一种急性、热性、败血性和高度接触性感染的传染病。病原体是鸡新城疫病毒。主要特征是高热、呼吸困难、下痢、神经障碍、黏膜和浆膜出血以及消化道黏膜坏死。本病传播快，死亡率高，是目前危害养鸡业最严重的疾病之一。

【流行病学特点】 所有的鸡均可感染新城疫病毒，其他禽类、人亦可受到病毒感染。病鸡、死鸡是本病的主要传染源，感染后的鸡在出现症状前 24 小时，口、鼻分泌物和粪便中已排出病毒，在流行间歇期的带毒鸡，也是本病的传染源。呼吸道和消化道是主要传染途径，鸡蛋也可带毒传播本病。黏膜、伤口和交配均可成为传染途径。本病可常年发生，但以春、秋两季较多。鸡场内的鸡一旦发生本病，可于 4～5 天内波及全群。纯种鸡和幼龄鸡感染后死亡率高。

【临床症状】 自然感染的潜伏期一般为 3～5 天，根据病程长短分为最急性型、急性型和慢性型三型。

1. 最急性型 突然发病，常无特征性症状而迅速死亡。往往前一天晚上饮食活动如常，翌日早晨发现死亡，多见于流行初期和雏鸡。

2. 急性型 常以呼吸道症状开始，继而腹泻，常表现为体温升高，精神不振，离群呆立，缩颈闭眼，鸡冠、肉髯呈现紫色，咳嗽，呼吸困难，有黏液性鼻液，常伸头，张口呼吸，并发出“咯咯”的喘鸣声或尖锐的叫声，排黄白色或黄绿色粪便或混有少量血液，后期粪便呈蛋清样。最后体温下降，不久后在昏迷中死去，死亡率达

90%以上，病程2～5天。1月龄内的雏鸡病程短，症状不明显，死亡率高。

3. 慢性型 常见于成年鸡和流行后期。初期症状如同急性型，但较轻微。突出表现神经症状，如偏头、扭颈、站立不稳、转圈运动、共济失调以至翅膀麻痹瘫痪。病程达3周，多数以死亡告终。

【病理变化】 本病的主要病理变化是全身黏膜和浆膜出血，淋巴系统肿胀、出血和坏死。消化道和呼吸道出血最为明显。腺胃黏膜水肿，其乳头或乳头间有鲜明的出血点，或有溃疡和坏死，这是比较特征的病变。小肠、盲肠和直肠黏膜均有大小不等的出血点，肠黏膜上有纤维素性坏死性病变，有的形成假膜，脱落后即成溃疡。盲肠、扁桃体常见肿大、出血和坏死。产蛋鸡卵黄膜充血或出血，甚至卵黄破裂流入腹腔。

【诊　断】 确诊方法有病原学检查和血清学检验两种。其中血清学方法主要有琼脂免疫扩散试验、补体结合反应、荧光抗体技术、中和试验等。但最常用的方法是血凝试验和血凝抑制试验。

【检疫处理】 检出阳性动物时，应进行全群动物扑杀、销毁处理。暴发新城疫时应立即扑杀病禽，尸体深埋或高温处理。清扫场地粪便、残余饲料和垫草等，并进行无害化处理。

第二节 二类动物疫病的检疫

一、伪狂犬病

【病　原】 伪狂犬病是由伪狂犬病病毒引起的家畜及野生动物的急性传染病。本病的主要症状以发热、中枢神经系统引起的障碍及奇痒为特征。但成年猪常为隐性感染，可有流产、产死胎及呼吸系统症状；新生仔猪除神经症状外还可侵害消化系统。人也有一定的易感性。

本病主要侵害中枢神经系统，因其症状和狂犬病相类似，一度曾被误认为是狂犬病。为与狂犬病区别，所以被命名为伪狂犬病。

【流行病学特点】 大多数的哺乳动物对伪狂犬病病毒都易感，各种动物的易感程度有所差别。本病自然发生于牛、绵羊、犬、猫、鼠及猪。除成年猪外，对其他动物几乎均是高度致死性的，病畜极少康复。但成年猪对本病有较强的抵抗力，症状极轻微，很少死亡，是本病病原的主要天然宿主。自然情况下，病毒一旦使动物发病致死，病毒也就消失了，除非病毒在尸体内消失之前又被易感动物吃进而传播，否则就不能构成传播。病猪、带毒猪以及带毒鼠类为本病重要传染源。本病除经口、鼻、皮肤及伤口等途径传染之外，还可通过空气飞沫传播，现已得到证实。

牛与猪之间的传染，可由直接接触或通过污染物进行，现已证实本病可从病猪舍通过空气飞沫传染给牛。犬和猫的感染则多是由于吃了被污染的食物。

【临床症状】

1. 牛 牛感染本病后一般呈致死性，各种年龄的牛都易感。特征性症状是奇痒。病牛发病后，局部皮肤有强烈痒觉，病牛若能舔到患病部位（感染部位多在鼻、乳房、后肢和后肢间皮肤），则发疯般舔舐不止，制止无效，引起皮肤脱毛、充血。体温可达40℃以上，流涎，用力呼吸，心跳不规则，磨牙，吼叫，痉挛而死。一直到死前仍有知觉，一般在2天内死亡，犊牛更短。

2. 猪 没有奇痒症状。大小年龄的猪都易感，但临床症状轻重不一，一般成年猪症状轻，多为隐性感染，偶有发热，有精神沉郁、呕吐、咳嗽等轻微症状。一般于4～8天完全恢复，不死亡。妊娠母猪可发生流产、产木乃伊胎儿和死胎。

本病对易感母猪产下的仔猪造成大量死亡，死亡率可达100%。哺乳仔猪的症状为呼吸困难，体温升高，大量流涎，厌食，呕吐，腹泻，震颤，精神沉郁，有的则表现兴奋不安、运动失调、倒地抽搐，有的不由自主地前进、后退或转圈，最后昏迷倒地死亡。仔猪感染后一旦出现症状可在36小时内死亡。

3. 绵羊　绵羊感染本病多表现为急性病程，体温升高，肌肉震颤，也有奇痒的特征，可见啃咬发痒部位。病羊常卧倒，咽喉麻痹，不食，有鼻液、唾液流出。绵羊发病后多于1～2天内死亡。山羊的症状和绵羊相似，但病程比绵羊长。

【病理变化】　病牛患部变化剧烈，皮肤撕裂，皮下水肿严重，肺和肝常见充血，肺泡有水肿，肝实质和皮质可见坏死灶，肾乳头处有出血。心外膜出血，心包积液。猪一般缺乏特征性眼观病变。

【诊　断】　确诊本病常采用病原分离和血清学方法。血清学方法主要有血清中和试验、免疫荧光抗体检查、琼脂扩散试验、补体结合试验、酶联免疫吸附试验等。

【检疫处理】　检疫时一旦检出伪狂犬病病畜，阳性者做扑杀、销毁处理，同群猪在隔离场或其他指定地点隔离观察。

二、狂犬病

【病　原】　狂犬病又称疯狗病，是由狂犬病病毒引起的人和动物的一种急性接触性传染病。临床特征是神经兴奋和意识障碍，继之局部或全身麻痹而死。呼吸困难，见到水即表现恐惧，故名“恐水症”。

【流行病学特点】　人和各种畜禽对本病都有易感性。犬科动物常成为人、畜狂犬病的传染源和病毒的贮存宿主。无症状和顿挫型感染的动物可长期通过唾液排毒，成为人、畜的重要传染源。本病的传播方式是由患病动物咬伤后而感染。当健康动物皮肤黏膜有损伤时，接触病畜的唾液而感染亦有可能。

【临床症状】　潜伏期变动很大，这与动物的易感性、伤口距中枢的距离、侵入病毒的毒力和数量有关。各种动物的临床表现相似,一般可分为狂暴型和麻痹型。

1. 犬 分为前驱期、兴奋期和麻痹期3期。

(1)前驱(沉郁)期 此期为12～48小时。病犬精神沉郁,躲在暗处,不听使唤,强迫牵引时咬畜主。吃异物,吞咽时伸直颈部。瞳孔散大,轻度刺激即易兴奋。性欲亢进,嗅舔生殖器官。唾液分泌逐渐增多,后躯软弱。

(2)兴奋(狂暴)期 此期为2～4天,病犬高度兴奋,表现狂暴并常攻击人、畜。疲劳时卧地不动,不久又立起,狂暴发作与沉郁交替出现。自咬四肢、尾和阴部等。

(3)麻痹期 此期为1～2天,麻痹急剧发展,下颌下垂,舌脱出口外,流涎显著,不久后躯体及四肢麻痹,卧地不起,最后因呼吸中枢麻痹或衰竭而死亡。

2. 牛 病初可见精神沉郁,反刍、食欲降低,不久后表现起卧不安,有阵发性兴奋和冲击动作,一般少有攻击人、畜现象,兴奋与沉郁交替发生,最后衰竭而死。

3. 猪 流涎,兴奋不安,叫声嘶哑,攻击人、畜,在发作间歇期钻入垫草中,稍有声响即一跃而起,无目的地乱跑,最后发生麻痹,经2～4天死亡。

【病理变化】 本病尸体无特异性变化。尸体消瘦,有咬伤、裂伤,常见口腔和咽喉黏膜充血或糜烂,胃内空虚或有异物,胃肠黏膜充血和出血,中枢神经实质及脑膜肿胀、充血和出血。

【诊　断】 国际兽疫局和国际卫生组织提供的鉴别狂犬病病毒的方法包括3个必要程序:神经细胞感染的鉴定、对动物和细胞培养物中的感染性鉴定及特异性荧光抗体试验。我国通用的方法有病原检查、中和试验、补体结合试验、血凝抑制试验、免疫荧光抗体检查、酶联免疫吸附试验等。

家畜被患狂犬病的动物或可疑动物咬伤,应对伤口进行彻底的消毒处理,最好先让伤口局部出血,后用肥皂水、0.1%氨水、酒精、醋酸、3%石炭酸溶液、硝酸银等消毒药和防腐剂处理，并迅速用狂犬病疫苗进行紧急接种，使被咬动物在病的潜伏期内产生主动免疫，可免于发病，如有条件可用免疫血清进行治疗。

被狂犬病或疑似狂犬病病畜咬伤的家畜，在咬伤后未超过8天且未发现狂犬病症状者，准予屠宰，其肉尸、内脏应经高温处理后出场。超过8天者不准屠宰，应采取不放血的方法扑杀后作工业用或销毁。

【检疫处理】 凡与病畜接触过的人员应立即进行卫生防护措施。

三、炭　疽

【病　原】 炭疽是由炭疽杆菌引起的各种家畜、野生动物的一种急性、热性、败血性传染病。临床特征为患病动物突然高热，可视黏膜发绀，骤然死亡和天然孔流出煤焦油状血液。其病理变化的特点是败血症变化，脾脏显著肿大，皮下和浆膜下结缔组织出血性胶样浸润，血液凝固不良。本病可传染于人。

【流行病学特点】 各种家畜、野生动物都有不同程度的易感性，其中草食动物最易感，猪较有抵抗力。

传染源主要是患病动物和因本病死亡的动物尸体。病畜的分泌物和排泄物、死亡动物由天然孔流出的血液及尸体本身都含有大量的病原菌，当尸体处理不当时，形成大量且有强大抵抗力的芽孢污染土壤、水源、牧地，使其成为长久的疫源地。

炭疽主要是通过消化道、皮肤黏膜及呼吸道等途径感染易感动物。通过饲料、饮水经消化道感染是动物炭疽病的最主要的感染途径；经皮肤感染则是由于伤口受炭疽杆菌或炭疽芽孢的污染，或曾叮咬过炭疽病畜或尸体的虻类、吸血蝇类刺螯健康动物而致；经呼吸道感染是由于吸入混有炭疽芽孢的灰尘引起，在动物中经此途径感染的情况比较少见。反刍动物呈散发性或地方性流行，夏季较多发。

【临床症状】 本病自然感染时潜伏期一般为1～3天。

1. 牛 最急性型发病急剧，出现昏迷、倒卧、呼吸困难、可视黏膜呈蓝紫色、全身战栗、心悸亢进、濒死期天然孔出血。病程数分钟至数小时。

急性型最常见，体温急剧上升至42℃，精神不振，食欲、反刍减弱或停止，呼吸困难，可视黏膜呈蓝紫色或有小点出血。初便秘，后腹泻带血，有时腹痛，尿色暗红，有时混有血液。泌乳停止，妊娠母畜可发生流产。濒死期体温急剧下降，呼吸极度困难，出现痉挛症状，发抖，一般在1～2天死亡。

亚急性型的症状与急性型相似，但病程较长，病情亦较缓和。在体表各部如喉部、颈部、胸前、腹下、肩胛、乳房等部皮肤，以及直肠、口腔黏膜等发生炭疽痈。

2. 绵羊与山羊 常发生最急性型炭疽，表现为脑卒中的症状，突然眩晕、摇摆、磨牙、全身痉挛，天然孔有时出血，很快倒地死亡。

3. 猪 猪对炭疽抵抗力较强，呈散发性慢性过程，主要表现为咽型炭疽，咽喉部和附近淋巴结明显肿胀，体温升高，食欲不振。症状严重时，黏膜发绀，呼吸困难，最后窒息而死。但有不少病例临床症状不明显，只于屠宰后发现病变。肠型炭疽常伴有消化道失常的症状，如便秘或腹泻，亦有恢复者。败血型较少见。

4. 人 人感染炭疽有3种表现型，即皮肤炭疽、肺炭疽和肠炭疽，主要与接触了病畜产品和吃进病畜肉有关。以上3种类型均可继发败血症及脑膜炎，病情严重。

【病理变化】 急性炭疽动物主要呈败血症变化，尸僵不全，迅速腐败膨胀，天然孔出血，血液凝固不良，皮下出血性胶样浸润。内脏常见出血，实质器官变性。淋巴结、脾脏常明显肿大。典型的病例，脾几乎呈黑色，肿大几倍，充满煤焦油样的脾髓和血液。皮下结缔组织或消化道还可能有界限明显的水肿区，水肿液呈淡黄色。

猪淋巴结炭疽特征病变是淋巴结切面有蜂窝状红色小出血点，或整个淋巴结的切面或个别区域显著充血、出血，呈砖红色或樱桃红色，有时可见到大小不同的暗红色出血点和凹陷状小坏死灶。淋巴结周围组织呈浆液性或浆液性出血性胶样浸润。

【诊　断】 确诊本病常用涂片镜检法和炭疽沉淀反应。

【检疫处理】 检疫时若发现炭疽病应采取以下措施：①确诊为炭疽病的疫点应立即封锁，采取紧急补救措施。②检疫出的病畜尸体不能解剖，尸体可就地焚烧或深埋，深埋不得浅于 2 米，尸体底部及表面应撒上厚层漂白粉。接触尸体的运输工具及其他用具，用完后必须严格消毒。③屠宰场宰前检出炭疽病畜和可疑病畜，严禁急宰，病畜以不放血方式扑杀、销毁。可疑病畜隔离，做进一步确诊。宰后检出炭疽病畜，应立即停止生产，封锁现场，做细菌学和血清学检验，进行会诊。炭疽病畜的胴体、内脏、皮毛、血液及一切副产品，均以不漏水工具迅速运往指定地点化制或销毁。运输工具彻底消毒，被污染或可疑污染的胴体、内脏等，应在 6 小时内高温处理后出厂，如超过 6 小时，应送去化制或销毁；确实未被污染的胴体、内脏和副产品等，应迅速由未被污染人员搬运出厂，不受限制利用。对与炭疽病畜同群的屠畜进行测温，正常者于指定地点急宰，不正常者观察 14 天，或注射有效药物后观察 3 天，无异常者方可屠宰。检出炭疽病的现场、工具，应进行彻底消毒，所有消毒必须在发现炭疽后 6 小时内完成。

四、魏氏梭菌病

【病　原】 魏氏梭菌病是由魏氏梭菌（产气荚膜杆菌）引起的人和动物的一种细菌性疾病。魏氏梭菌是人和动物创伤感染的重要病原菌，也是比较常见的一种食物中毒致病菌。根据外毒素的性质和致病性不同，分为 A 型、B 型、C 型、D 型、E 型和 F 型六型，对人有致病性的主要是A型、C型、F型三型,另外三型主要对动物致病,A型菌引起人和其他动物气性坏疽、马坏死性肠炎及人食物中毒;B型菌引起羔羊痢疾、驹及羊肠毒血症;C型菌引起羊猝殂、犊牛及羔羊肠毒血症、仔猪红痢、人及禽坏死性肠炎;D型菌引起绵羊、山羊、羔羊肠毒血症及羊软肾病;E型菌引起犊牛及羔羊痢疾;F型菌引起人坏死性肠炎。

【流行病学特点】 魏氏梭菌由消化道或伤口侵入机体后,由其所产生的毒素而致病。魏氏梭菌食物中毒一般多由A型菌引起,其次是F型。引起此类食物中毒者多为鸡肉、兔肉和其他肉类。A型魏氏梭菌食物中毒,其潜伏期一般为10~12小时,最短的为6小时,长的达24小时。

【临床症状】 主要表现为急性胃肠炎,有腹痛、腹泻(呈水样便或带黏液及血液的粪便),伴有发热、恶心。病程较短,多数在1天内即可恢复。由F型魏氏梭菌所引起的中毒症状较为严重,潜伏期较短,其症状表现严重的下腹部疼痛,重度腹泻,粪便中有血液及黏液,严重者常引起严重脱水和循环衰竭而死亡。

【病理变化】 以肠道出血为特征,尤以空肠段最为显著。腹股沟淋巴结、肠系膜淋巴结出血,红白相间,呈大理石样变,水肿多汁。胸、腹腔有黄色积液。心肌变软、变薄,心肌表面有树枝状充血,心包积液,心内、外膜和心耳充血。肠腔充气,特别是小肠臌气,肠壁松弛,使肠黏膜变得薄而透明,浆膜有出血斑,空肠与回肠充满胶冻状液体。部分黏膜坏死形成溃疡。盲肠黏膜有出血斑点,内有稀便且有气体。胃充满内容物及气体,胃黏膜脱落,胃浆膜和黏膜血管充血。肝肿大,质地脆、易碎,病程长者呈土黄色。胆囊肿大,充满胆汁。脾肿大2~3倍,甚至肿大破裂,周边也有出血点。肾淤血,有的有白斑。肺充血、出血,气管环充血,且气管或支气管中常有白色或红色泡沫。有些病例生前咳血。

【诊　断】 确诊本病可采用细菌学诊断法。组织抹片镜检可见到一种革兰氏染色呈阳性、两端钝圆、短杆状直杆菌，单个存在或排列成链状。美蓝染色可见蓝色、两端钝圆、短杆状或直杆状细菌，单个存在或排成链状。

接种病料的培养基厌氧培养 48 小时后，血液营养琼脂培养基上可见细菌生长，菌落形态为灰色，圆形凸起，边缘整齐，表面光滑，半透明，并且出现 α、β 双溶血环；需氧培养未见细菌生长；在液体培养基中厌气培养呈均匀浑浊，并有气泡产生。

本菌对青霉素类药物和硫霉素钠等高度敏感；对四环素、土霉素、金霉素等中度敏感；对链霉素、卡那霉素、黏杆菌素等有耐药性。

【检疫处理】 发现疫情即时封闭、处理病畜，严禁尸体乱扔。销毁垃圾、彻底消毒可完整限制本病的流行。

五、副结核病

【病　原】 副结核病也叫副结核性肠炎，是由副结核分枝杆菌引起的一种慢性传染病，主要发生于牛。本病的显著特征是病畜表现顽固性腹泻，致使畜体极度消瘦，肠黏膜增厚并形成皱襞。

【流行病学特点】 副结核分枝杆菌主要引起牛（尤其是奶牛）发病，幼年牛最易感。绵羊、山羊、骆驼、猪等动物也可患病。

病畜是本病主要的传染源，在病畜体内，副结核杆菌主要位于肠黏膜和肠系膜淋巴结。病菌可通过病畜的排泄物，尤其是粪便排出体外。病原菌也可随乳汁和尿液排出体外。传播途径主要是动物采食了污染的饲料、饮水经消化道而感染。犊牛还可通过吸吮乳汁感染，胎儿经胎盘也可以感染。

本病呈散发性，有时也可呈地方性流行。

【临床症状】 本病为典型的慢性传染病。早期症状为间断性腹泻，以后变为经常性的顽固性腹泻。排泄物稀薄、恶臭，带有气泡、黏液和血液凝块。食欲起初正常，精神也良好，以后食欲有所减退，逐渐消瘦，精神不好，经常躺卧。泌乳逐渐减少，最后完全停止。皮肤粗糙，被毛粗乱，下颌及垂皮可见水肿。体温常无变化。腹泻有时可暂时停止，排泄物恢复常态，体重有所增加，然后再度发生腹泻，如腹泻不止，一般经 3～4 个月因衰竭而死亡。

绵羊和山羊的症状相似，潜伏期数月至数年。病羊体重逐渐减轻，间断性或持续性腹泻，发病数月后，病羊消瘦、衰弱、脱毛、卧地，病的末期可并发肺炎。

【病理变化】 本病的主要病理变化在消化道和肠系膜淋巴结。消化道的损害常限于空肠、回肠和结肠前段，特别是回肠。有时肠外表无大的变化，但肠壁常增厚。浆膜下淋巴管和肠系膜淋巴管常肿大，呈索状。浆膜和肠系膜都有显著水肿。肠黏膜常增厚 3～20 倍，并发生硬而弯曲的皱褶。黏膜色黄白或灰黄，皱褶凸起处常呈充血状态，黏膜上面紧附有黏液，稠而混浊，但无结节和坏死，也无溃疡。肠腔内容物甚少。肠系膜淋巴结肿大变软，切面湿润，上有黄白色病灶，但无干酪样变。羊的病变与牛基本相似。

【诊　断】 确诊本病常采用副结核菌素或禽型结核菌素做皮内变态反应，也可采用血清学试验检测特异性抗体，主要有副结核病补体结合试验、荧光抗体试验、琼脂免疫扩散试验、对流免疫电泳试验等。从粪便中培养分离细菌也可对本病进行确诊。

【检疫处理】 对具有明显临床症状的开放性病牛和细菌学检查阳性的病牛，要及时扑杀，并按照《病害动物和病害动物产品生物安全处理规程》(GB 16548—2006)规定处理。

被污染的牛舍、栏杆、饲槽、用具、绳索、运动场等，要用生石灰、来苏儿溶液、氢氧化钠、漂白粉、石炭酸等消毒液进行喷雾、浸泡或冲洗。

六、布鲁氏菌病

【病　原】 布鲁氏菌病又称布氏杆菌病，它是由布鲁氏菌引起的一种人兽共患传染病。牛、羊、猪常发，且可经牛、羊、猪传染给人和其他家畜。特征是母畜胎膜发炎，引起流产、不育和各种组织的局部病灶；公畜睾丸炎和副性腺炎。

【流行病学特点】 本病主要发生于牛、羊、猪，但易感动物范围很广，3种菌型均能感染人，以羊种菌最严重，猪种次之，牛种最轻。

传染源是病畜及带菌动物。最危险的是受感染的妊娠母畜，它们在流产或分娩时将大量布鲁氏菌随着羊水和胎衣排出。流产后的阴道分泌物及乳汁中都含有布鲁氏菌，感染布鲁氏菌病的公牛其睾丸、精囊中也有病菌。

本病主要经消化道传播，也可经皮肤、结膜感染，吸血昆虫也可传播本病。另外，通过交配在公畜和母畜之间可相互感染，因此易感动物的易感性随性成熟而增高。

本病多见于牧区，一年四季均可发生，但发病有明显的季节性。

【临床症状】

1. 牛 潜伏期2周至6个月。母牛最显著的症状是流产，可发生于妊娠的任何时期，常发生在6～8个月，多见胎衣滞留，失去生育能力。公牛最常见的是睾丸炎和附睾炎，有时可见阴茎潮红肿胀。临床上常见的症状还有关节炎、滑液囊炎。本病在未妊娠的母畜中通常无临床症状。

2. 绵羊和山羊 常不表现症状。母羊主要表现流产和乳房炎，流产发生于妊娠后的3～4个月。公山羊生殖道感染则发生睾丸炎。有的病羊出现跛行、咳嗽。绵羊布鲁氏菌可引起绵羊附睾炎。

3. 猪 最明显的症状也是流产，多发生在妊娠后的4～12周。流产前常见沉郁，阴唇和乳房肿胀。流产后胎衣滞留情况少见。公猪常见睾丸炎和附睾炎。

4. 人　人感染布鲁氏菌，其传染源是患病动物，一般不会通过人传染人。主要表现体温呈波浪热、寒战、盗汗、全身不适、关节炎、神经痛、肝脾肿大以及睾丸炎、附睾炎等，孕妇可能流产。有的急性发作后就恢复健康，有的则反复发作。慢性布鲁氏菌病通常无菌血症，但感染可持续多年。

【病理变化】　胎儿、流产的胎衣及子宫有明显的变化。早死的胎儿可见干尸化。胎衣绒毛膜充血或贫血，有时水肿或杂有小出血点。胎牛胃特别是皱胃中有淡黄色或白色黏稠的絮状物，肠胃和膀胱的浆膜下可见点状或线状出血。浆膜腔略有微红色液体，皮下呈出血性浆液性浸润，肥厚。公畜睾丸和附睾有炎性坏死灶和化脓灶，有时可见精囊发炎、关节炎、化脓性腱鞘炎和滑液囊炎。

【诊　断】　确诊本病一般以细菌学和血清学方法为主，即细菌学检查法、布鲁氏菌试管凝集试验、补体结合试验、酶联免疫吸附试验及变态反应试验等。

【检疫处理】　检疫时，若发现可疑动物，应及时进行隔离。宰前或宰后检出的患病动物应按照《病害动物和病害动物产品生物安全处理规程》(GB 16548—2006)规定处理。

七、弓形虫病

【病　原】　弓形虫病是由弓形虫属的弓形虫引起的人兽共患寄生虫病。本病多为隐性感染，显性感染临床症状复杂，有发热、呼吸困难、流产、产死胎、胎儿畸形、淋巴结炎或脑脊髓炎等。

【流行病学特点】　各种家畜，包括猪、牛、绵羊、山羊、猫和犬等，以及人类都能感染弓形虫病。弓形虫可通过口、眼、鼻、咽、呼吸道、肠道、皮肤及胎盘等途径侵入。病畜和带虫者的肉、内脏、血液、渗出液和排泄物是主要的传染源，乳汁、流产胎儿体内均能分离出大量弓形虫。

【临床症状】

1. 猪　仔猪最易感，呈急性经过，病初体温升高至40℃～42℃，呈稽留热型，精神委顿，食欲减退，最后废绝。多便秘，有时腹泻。呼吸困难，呈腹式呼吸。全身震颤，后躯麻痹，共济失调。体表淋巴结，尤其是腹股沟淋巴结明显肿大。下腹部、股内侧、耳根、背部出现淤血斑。妊娠母畜流产、产死胎。

2. 绵羊　有神经症状（转圈运动），最后陷于昏迷。呼吸困难，有鼻液。妊娠母羊多流产。

3. 牛　犊牛有呼吸困难、咳嗽、发热、头震颤、精神沉郁和虚弱等症状，常于2～6天内死亡。成年牛在病初极度兴奋，其他症状与犊牛相似。

【病理变化】　全身淋巴结肿大，充血，出血；肺出血，有不同程度的间质水肿；肝有点状出血和灰白色或灰黄色坏死灶；脾有丘状出血点；胃底部出血，有溃疡；肾有出血点和坏死灶；大、小肠均有出血点；心包和胸、腹腔有积液；体表出现紫斑。

【诊　断】　确诊本病常采用病原学检查、间接血凝试验和皮内变态反应试验等方法。

【检疫处理】　宰后检出的肉尸和内脏作工业用或销毁。阳性肉尸不消瘦者，可高温处理后出场。

八、棘球蚴病

【病　原】　棘球蚴病是由棘球绦虫的幼虫引起的人兽共患寄生虫病。成虫寄生于小肠，幼虫寄生于肝、肺等处。家畜中以绵羊和牛受害最重。

【流行病学特点】　本虫呈全球性分布，尤以放牧牛、羊的地区为多。绵羊感染率最高，分布面最广。棘球蚴可寄生于人、畜身体的任何部位，主要通过消化道感染。

【临床症状】　轻度感染或初期感染时均无症状。牛严重感染时，出现呼吸困难和微弱咳嗽，听诊肺部肺泡音消失或减弱。叩诊肝脏浊音区扩大，触诊表现疼痛，因而病畜反刍无力，常臌气、消瘦、衰弱。

绵羊较牛敏感，死亡率比牛高。在严重感染时，表现被毛逆立、易脱落。肺部感染时有明显咳嗽，躺卧而不愿起立。

猪、骆驼等家畜感染后，不如牛、羊症状明显，通常有带虫免疫现象。

【病理变化】 肝、肺表面凹凸不平，可在该处找到棘球蚴；有时也可在脾、肾、肌肉、皮下、脑等处发现。切开棘球蚴则可见有液体流出，将液体沉淀后，除不育囊外，即可用肉眼或在解剖镜下看到许多生发囊与原头蚴；有时肉眼也能见到液体中的子囊，甚至孙囊。偶尔可见到钙化的棘球蚴或化脓灶。

【诊　断】 本病常采用病原检查法和变态反应来进行确诊。

【检疫处理】 患严重棘球蚴病的器官，整个器官作工业用或销毁。轻者将患部作工业用或销毁，其他部分不受限制出场。在肌肉组织中发现棘球蚴时，患部作工业用或销毁，其他部分不受限制出场。

九、钩端螺旋体病

【病　原】 钩端螺旋体病是由致病性钩端螺旋体引起的一种自然疫源性传染病，人兽共患，特征为发热，黄疸，血红蛋白尿，流产，皮肤和黏膜坏死、水肿等。

【流行病学特点】 几乎所有的温血动物均可感染本病，鼠类是最重要的储存宿主，是本病自然疫源的主体，家畜中主要发生于猪、牛、犬、马、羊以及家禽等，以猪、水牛、牛和鸭的感染率较高。本病发生于各种年龄的家畜，但以幼畜发病较多。

本病主要通过皮肤、黏膜和消化道食入而传染，也可通过交配、人工授精和在菌血症期间通过吸血昆虫如蜱、虻、蝇等传播。

有明显的流行季节，每年以 7～10 月份为流行高峰期。

幼畜发病率较高，但症状轻微的较多，症状严重的较少。潜伏期为 2～20 天不等。

【临床症状】

1. 猪　急性黄疸型多发于大猪和中猪，病猪表现体温升高，厌食，皮肤干燥，1～2 天内全身皮肤和黏膜泛黄，尿液呈浓茶样或血尿。几天内，有时在数小时内突然惊厥而死，病死率很高。

亚急性和慢性型多发于断奶后至体重 30 千克以下的小猪，常引起严重的损失。病初体温升高，有时有浆液性鼻液，眼结膜潮红，而后黄染或苍白水肿。皮肤轻度黄染，擦痒，有的病例上、下颌和头颈部水肿，指压凹陷，俗称"大头瘟"，水肿有时可波及全身。尿液变为黄色或茶色，有血红蛋白尿甚至血尿，并散发腥臭味。病猪逐渐消瘦、无力，病死率达 50%～90%，小猪恢复后成为僵猪。

妊娠母猪可发生流产，流产率在 20%～70%不等。流产的胎儿有死胎、木乃伊胎，也有活胎，但常在产后不久死亡。

2. 牛、羊　常突然高热，黏膜发黄，尿色暗，含有大量白蛋白、血红蛋白和胆色素。常见皮肤干裂、坏死和溃疡。发病后 3～7 天死亡，病死率甚高。奶牛感染后常呈亚急性型，表现为体温有不同程度的升高，黏膜黄染，产奶量下降或停止，奶色泛黄，带有血块。病牛很少死亡，经 2 周后逐步好转，产奶量需经 2 个月才能恢复正常。妊娠母牛(羊)流产。羊的发病率较低，症状与牛相似。

【病理变化】　急性病例可见皮肤、皮下结缔组织、浆膜、黏膜有不同程度的黄染，内脏有不同程度的出血斑点，膀胱蓄积有血红蛋白尿或血尿。肝、肾肿大、黄染，有出血或淤血斑，慢性病例肾有灰白色病灶。有的病猪头、颈等处皮下水肿，牛、羊、马皮肤有干裂坏死灶。

【诊　断】　本病的确诊方法分为两类：一类是检测动物病料中的钩端螺旋体，即病原体检查；另一类是检测其抗体，主要方法有显微凝集试验、补体结合试验、酶联免疫吸附试验、炭凝集试验等。

【检疫处理】 检疫出的病畜禽处理有以下情况:宰前处于急性期发高热和高度衰弱的病畜禁止屠宰。宰后发现黄疸的肉尸应按照《病害动物和病害动物产品生物安全处理规程》(GB 16548—2006)规定处理。毛皮经消毒后出场。

十、牛传染性鼻气管炎

【病　原】 牛传染性鼻气管炎是由牛传染性鼻气管炎病毒引起的牛的一种急性、接触性呼吸道传染病,以高热、呼吸困难、鼻炎、鼻窦炎和上呼吸道炎、流鼻液等症状为特征。这种病毒亦可引起牛的生殖道感染、结膜炎、脑膜脑炎、流产等其他类型的疾病。因此,它是一种由同一种病原引起的表现多种症状的传染病。

【流行病学特点】 本病主要感染牛,所有年龄的牛均易感,肉用牛比乳用牛易感。病畜及带毒病畜为主要传染源,特别是隐性经过的种公牛危害性最大。传播方式为接触传染,交配亦可传染。

本病在秋、冬季节较易流行,特别是舍饲的大群奶牛,在密切接触的条件下,更易迅速传播。运输、卫生条件、应激等因素均与本病的发病率有关。一般发病率为20%~100%,死亡率为1%~12%。

【临床症状】

1. 呼吸道型 潜伏期为4~6天。病初高热达40℃~41℃,精神沉郁,拒食,有多量黏液性、脓性鼻液。鼻黏膜充血、出血或溃疡。鼻窦及鼻镜因组织高度发炎,露出充血的皮下组织,故又称"红鼻子病",并出现结膜炎和流泪。常因炎性渗出物阻塞鼻孔而发生呼吸困难。病畜流涎、咳嗽。

2. 生殖道感染型 潜伏期为1~3天。病初发热,沉郁,无食欲,尿频,外阴发炎、充血,流出黏稠无臭的黏性分泌物,阴门黏膜上出现小的白色病灶，随后发展成脓疱。公牛则表现为龟头包皮炎，严重病例表现发热，阴茎和包皮上发生脓疱，包皮高度肿胀。妊娠母畜流产。

3. 脑膜脑炎型　只在犊牛特别是6月龄以下的犊牛发生。发热达40℃以上，食欲减退，流涎，流鼻液。同时，发生共济失调、痉挛、兴奋和沉郁交替出现。

4. 结膜炎型　发生角膜炎和结膜炎，表现角膜下水肿，其上形成灰色坏死膜，呈颗粒状外观，眼、鼻流浆液性脓性分泌物。

【病理变化】　呼吸道型的病变主要是上呼吸道黏膜发炎，轻者黏膜充血、肿胀、有卡他性渗出物；重者有多量渗出物，鼻黏膜有少量坏死灶，上呼吸道上皮脱落，咽、颈部淋巴结肿大。生殖道感染型的病变主要是阴道黏膜红肿，有脓疱形成，有黏脓性分泌物从外阴流出；公畜龟头、包皮发炎、肿胀，上有脓疱。脑膜脑炎型表现非化脓性脑炎变化。

【诊　断】　在大多数病例，诊断是通过特异性病毒中和抗体的检测而确定的，主要确诊方法有病毒或抗原检测、包涵体检查、血清学检查（中和试验、琼脂凝胶扩散试验、免疫荧光试验、间接血凝试验、酶联免疫吸附试验等）、变态反应检查。

【检疫处理】　在检疫中一旦检出病牛，确诊为阳性牛做扑杀、销毁处理，同群动物应在指定地点隔离观察。本病目前尚无有效的治疗方法。

十一、牛恶性卡他热

【病　原】　牛恶性卡他热亦称坏疽性鼻卡他，是由牛恶性卡他热病毒引起的牛的一种病毒性广泛性致死性传染病。其主要特征为持续发热，双侧角膜混浊，眼、鼻卡他性分泌物增多，口、鼻部坏死，口腔上皮溃疡，多伴有严重的神经紊乱，病死率很高。

【流行病学特点】　自然情况下主要发生于黄牛和水牛，绵羊也可以感染,但症状不明显或无症状。黄牛多在4岁以下时发生,老龄牛发病者少见。本病的传染源是绵羊和角马。在欧洲,绵羊是本病的自然宿主和传播媒介,绵羊带毒、排毒。因此,发病牛都有与绵羊接触史,牛与绵羊同群放牧、同栏饲养均可传播本病。在非洲主要通过角马传播。本病传播上的一个显著特点是病、健牛间一般不发生直接感染。

本病常年发生,多见于冬季和早春。散发为主,无接触传染,发病率低,病死率达60%~90%,病愈牛多无抵抗再传染的能力。

【临床症状】 病型有最急性型、消化道型、头眼型、良性型及慢性型等。病初高热,肌肉震颤,食欲锐减,呼吸及心跳加快,鼻镜干热。口腔与鼻腔黏膜发炎、充血、坏死及糜烂,鼻孔前端分泌物变为黏稠脓样,形成黄色长线状物直垂于地面,呼吸困难。眼畏光流泪,眼睑闭合,有虹膜睫状体炎和进行性角膜炎。炎症也常延展到呼吸道深部,引起细支气管炎和肺炎。粪便开始干燥,继而恶臭腹泻。尿频,有时混有血液和蛋白质。母牛阴唇水肿,阴道黏膜红肿。妊娠母牛流产,关节显著肿胀。晚期病牛高度脱水,衰竭,体温下降,呼吸增数,脉速而弱,病牛常死于这些症状发生后24小时内,病死率很高。

【病理变化】 最急性型可见到心肌变性,肝脏和肾脏浊肿,脾脏和淋巴结肿大,消化道黏膜特别是皱胃黏膜有不同程度的炎症。

头眼型以类白喉性坏死性变化为主,喉头、气管和支气管黏膜充血,也常覆有假膜,肺充血及水肿。

消化道型表现皱胃黏膜和肠黏膜有出血性炎症,有部分形成溃疡。脾正常或中等肿胀,肝、肾肿胀,胆囊可能充血、出血。心包和心外膜有小出血点。脑膜充血,有浆液性浸润。

【诊　断】 确诊本病常采用病毒分离和血清学检验,常用的血清学方法有间接荧光抗体试验、免疫过氧化物酶试验、病毒中和试验等。

十二、牛白血病

【病　原】 牛白血病又称牛地方流行性白血病，是由牛白血病病毒引起的牛的一种慢性、进行性、肿瘤性疾病，其特征为淋巴样细胞恶性增生，进行性恶病质变化和全身淋巴结肿大，病死率高。本病现已呈世界性分布，几乎遍及所有养牛的国家和地区。

【流行病学特点】 自然条件下本病主要感染牛，尤其是成年牛，2 岁以下的牛发病率很低。病牛和带毒牛是本病的传染源，吸血昆虫是传播牛白血病病毒的重要媒介。另外，注射、手术等也可机械性地传播本病。传播的方式可通过接触传播或经呼吸道感染，可垂直传播，也可水平传播。

【临床症状】 牛感染本病，有亚临床型和临床型两种表现。

亚临床型病牛无肿瘤形成，其特点是淋巴细胞增生，可持续多年或终生，对健康状况没有任何扰乱。此型可进一步发展为临床型。

临床型病牛生长缓慢，体重减轻，体温一般正常，有时略微升高。从体表或经直肠可摸到某些淋巴结呈一侧或对称性肿大。腮淋巴结、肩前淋巴结或股前淋巴结显著增大，触摸时可移动。如一侧肩前淋巴结增大，病牛的头颈可向对侧偏斜；眶后淋巴结增大可引起眼球突出。

【病理变化】 尸体消瘦、贫血，主要表现为全身广泛性淋巴结性肿瘤，如腮淋巴结、肩前淋巴结、股前淋巴结、乳房上淋巴结和腰下淋巴结常肿大，被膜紧张，呈均匀灰色，柔软，切面突出。心脏、皱胃和脊髓常发生浸润。心肌浸润常发生于右心房、右心室和心隔，色灰而增厚。全身性被动充血和水肿。脊髓硬膜外壳里的肿瘤结节使脊髓受压、变形和萎缩。皱胃壁由于肿瘤浸润而增厚变硬。

【诊　断】 在检测牛白血病中，国际兽疫局推荐采用琼脂扩散试验和酶联免疫吸附试验两种方法，传统的检测方法还有中和试验、补体结合试验、间接免疫荧光技术等。

【检疫处理】 因本病具有高度的接触传染性，在检疫时，一旦检出牛白血病病牛，应做扑杀、销毁处理，同群动物隔离观察。

十三、牛出血性败血症

【病　原】 牛出血性败血症又称牛巴氏杆菌病，是由多杀性巴氏杆菌的特定血清型所引起的牛的一种急性热性传染病，其特征为高热、肺炎、急性胃肠炎，并伴有全身皮下或脏器浆膜面局限性或点状出血斑。

【流行病学特点】 多杀性巴氏杆菌除对牛有致病性外，对多种动物和人都有致病性。家畜中以牛、猪发病较多，绵羊也易感。病牛的排泄物、分泌物及带菌牛均是本病的传染源。牛群中发生出血性败血症时，往往查不出传染源，一般认为家畜在发病前已经带菌。本病主要通过消化道和呼吸道感染，也可通过吸血昆虫和损伤的皮肤、黏膜而感染。发病动物以幼龄为多，且较为严重，病死率较高。

本病的发生一般无明显季节性，但以冷热交替、气候剧变、闷热、潮湿、多雨的时期发生较多。体温失调，抵抗力降低，是本病主要的发病诱因之一。长途运输或频繁迁移、过度疲劳、营养缺乏、寄生虫寄生等也可诱发本病发生。本病多呈散发或地方性流行，同种动物能相互传染，不同种动物之间也偶见相互传染。

【临床症状】 本病潜伏期为2～5天，根据临床症状可分为败血型、水肿型和肺炎型。

1. 败血型 病初高热，体温可达41℃～42℃。精神沉郁，被毛粗乱，肌肉震颤，鼻镜干燥，结膜潮红，呼吸和心跳加快，食欲减退或废绝。初便秘，后腹泻，粪便呈液状，并混有黏液、黏膜片及血液，气味恶臭。有时鼻孔内和尿液中带血。腹泻开始后，体温随之下降，迅速死亡。病程多为12～24小时。

2. 水肿型　除呈现全身症状外，在病牛的头颈部、咽喉部及胸前的皮下结缔组织，出现迅速扩展的炎性水肿，初时触压有热、痛且硬，后变凉、疼痛减轻，同时伴发舌及周围组织的高度肿胀，舌呈暗红色。病牛呼吸高度困难，流泪，流涎，皮肤和黏膜普遍发绀。病牛往往因窒息而死。病程多为12～36小时。

3. 肺炎型　主要呈纤维素性胸膜肺炎症状。病牛呼吸困难，干咳且痛，流泡沫样鼻液，后呈脓性。胸部叩诊有痛觉和实音区，听诊有支气管呼吸音及水泡性杂音，偶有胸膜摩擦音。病初便秘，后腹泻。病程一般为3天至1周。

【病理变化】

1. 败血型　内脏器官充血，在黏膜、浆膜以及肺、舌、皮下组织和肌肉都有出血点，脾脏无变化或有小出血点，肝脏和肾脏实质变性，淋巴结显著水肿，胸、腹腔内有大量渗出液。

2. 水肿型　在咽部和头颈部皮下，有时延及肢体部皮下有浆液浸润，切开水肿部即流出深黄色透明液体，间或杂有出血。咽周围组织和会咽软骨韧带呈黄色胶样浸润，咽淋巴结和颈前淋巴结均见急性肿大。

3. 肺炎型　以纤维素性肺炎和胸膜炎为主要特征，胸腔有大量浆液性纤维素性渗出液，且肺脏和胸膜表面有小出血点和一层纤维素膜，肺切面呈大理石花纹状。

【诊　断】　确诊本病常采用微生物学检查法。

【检疫处理】　对病畜的处理分为两种情况：对发病动物群及污染的环境进行处理时，应对畜群立即采取隔离、消毒等措施；对肉尸、内脏、血液和皮毛处理时，应视病变程度而行，内脏及病变显著的肉尸作工业用或销毁，对无病变或病变轻微且被割除的肉尸，高温处理后出场，血液作工业用，皮毛、羽毛消毒后出场。

十四、牛结核病

【病　原】 牛结核病是由牛结核分枝杆菌引起的牛的一种慢性消瘦性传染病，也可感染猪和人及其他家畜。其病理特点是在多种组织器官形成肉芽肿和干酪样、钙化结节病变。机体各组织都会受到侵害，但最常见到的损伤组织有淋巴结、肺、肠、肝、脾、胸膜和腹膜。

【流行病学特点】 家畜中牛最易感，特别是奶牛，牛型菌还可感染猪和人，也能使其他家畜致病。病牛或带菌的人是本病的传染源。传染途径主要经呼吸道和消化道感染，即由飞沫经呼吸道感染，饲草、饲料污染后通过消化道感染。犊牛感染主要是吮吸带菌的奶造成。交配也是感染途径之一。

【临床症状】 饲养管理不良，使役过重，与牛结核病的传染有密切关系，特别是牛舍过于拥挤、通风不良、潮湿、光线不好是造成本病传播的重要因素。常发生肺结核。病初食欲、反刍无变化，但易疲劳，常发短而干的咳嗽，逐渐加重，且表现痛苦。呼吸次数增多或气喘。病牛日渐消瘦，贫血，有的牛常见肩前、股前、腹股沟、颌下、咽及颈淋巴结等肿大。胸膜、腹膜发生结核病灶即所谓的"珍珠病"。牛乳房常见淋巴结肿大，无热无痛，泌乳减少，严重时呈水样稀薄。肠道结核多见于犊牛，表现消化不良、食欲不振、顽固性腹泻、迅速消瘦。发生生殖器官结核时，可见性功能紊乱，性欲亢进。妊娠母牛流产，公牛附睾及睾丸肿大，阴茎前部可发生结节、糜烂等。中枢神经系统主要是脑与脑膜发生结核病变，常引起神经症状。

【病理变化】 病灶常见于肺、肺门淋巴结、纵隔淋巴结，其次为肠系膜淋巴结和头颈部淋巴结。在肺脏或其他器官常有很多凸起的白色或黄色结节，切开后可见干酪样坏死，有的见有钙化，切时有沙砾感。有的坏死组织溶解和软化，排出后形成空洞。胸腔或腹腔浆膜可发生密集的结核结节，一般为粟粒至豌豆大的半透明或不透明灰白色坚硬的结节，即所谓的“珍珠病”。

【诊　断】 确诊本病常采用细菌学诊断、血清学诊断、牛结核菌素变态反应等方法，其中最有实际意义的是变态反应诊断。

【检疫处理】 检疫出开放性病牛后应立即淘汰。结核菌素反应阳性牛应及时处理，最好不予保留饲养，根除传染源。犊牛在生后 1 个月、6 个月、7.5 个月时进行 3 次检疫，凡呈阳性者须淘汰处理。

十五、牛焦虫病

【病　原】 牛焦虫病是由牛巴贝斯焦虫、双芽巴贝斯焦虫等寄生性原虫引起的牛的一种急性发作的季节性疾病。其特征为高热、血红蛋白尿、贫血。

【流行病学特点】 本原虫主要寄生于牛。双芽巴贝斯焦虫在一般情况下，多感染 2 岁以内的牛，发病率高，但症状较轻，很少死亡，容易自愈；成年牛发病率低，但症状重，死亡率高，特别是老弱及劳役过重的牛，病情尤为严重。巴贝斯焦虫多感染 1～7 月龄的犊牛，8 月龄以上的犊牛发病较少；成年牛多系带虫者，但当机体抵抗力减弱时，则引起发病。虽然牛双芽巴贝斯焦虫发病广、发病率高，但它的致病力远远不如牛巴贝斯焦虫致病性高。一头牛一旦感染了某一种巴贝斯焦虫，它便终生具有抵抗同种焦虫再感染的能力。

该原虫的传播媒介为牛蜱，其他的传播媒介为蓖子硬蜱、血蜱和扇头蜱。

【临床症状】 病牛体温升高，呈稽留热型。精神不振，食欲减退，反刍减弱。黄疸、贫血，常有血红蛋白尿出现。感染牛巴贝斯焦虫时，心脏和呼吸系统也会发生变化，脉搏增快而弱，呼吸促迫。后期病牛极度虚弱，食欲废绝，可视黏膜苍白，排尿频数，尿液呈红色。

【病理变化】 尸体消瘦,尸僵明显;可视黏膜贫血、黄疸;血液稀薄,凝固不全。皮下组织充血、黄染、水肿。肝脏肿大,呈黄棕色,被膜上有时有少量小出血点,剖面呈黏土色。胆囊扩张,胆汁浓稠,色暗。皱胃和小肠黏膜水肿或呈卡他性炎症,有出血斑。膀胱黏膜充血,有时有点状溢血。尿液常为红色。浆膜和肌间结缔组织水肿、黄染。感染不同的焦虫,脾脏变化有所差别,感染牛双芽巴贝斯焦虫,脾脏肿大2～3倍,软化,脾髓呈暗红色;感染牛巴贝斯焦虫,脾脏病变更为严重,有时出现脾脏破裂,脾髓色暗。

【诊　断】 对尚未腐败的病死牛尸体,可采取病料通过镜检检查虫体来确诊;对活体动物可采用病原检查、间接荧光抗体试验、酶联免疫吸附试验、胶乳凝集试验等方法确诊。

【检疫处理】 检疫时,若发现可疑病牛,应将其与同群其他动物隔离,并对其进行检查,同时用杀虫剂喷洒牛体和圈舍,以预防和消灭本病的传播媒介。

十六、牛锥虫病

【病　原】 牛锥虫病是由伊氏锥虫寄生于牛体内而引起的一种原虫病,主要由吸血昆虫机械性携带病原而感染健康牛。牛感染后,主要呈现进行性消瘦、贫血、黄疸、高热、心力衰竭及耳、尾干枯和体表水肿等特征。

【流行病学特点】 伊氏锥虫可寄生于马、骡、驴、牛、水牛、牦牛、猪、羊等家畜使其感染发病,主要发生在热带、亚热带地区。

在自然条件下,本病的散布主要是通过吸血昆虫从病畜传播给健畜,所以本病的发生季节与媒介昆虫的出现有密切关系,一般以5～8月份为最多。伊氏锥虫还能通过胎盘传给胎儿,也可通过交配和接触污染病畜的血液而发生感染。

带虫动物在本病的传播上起着最主要的作用,牛和水牛可带虫2～3年,成为锥虫病发生与传播的危险疫源。

感染了锥虫的牛，可产生免疫力，即带虫免疫。

【临床症状】 本病分为急性和慢性两种。水肿是本病最显著的特征之一，四肢下部尤其是关节发生水肿。久之肿胀部皮肤溃烂，流出少量淡黄色液体，或形成黑色痂皮。患肢在行走时没有明显的跛行。病牛的耳、尾发生坏死，不断流出黄色液体。有时出现神经症状。

病牛一般呈慢性经过，表现不定型的间歇热，显著干瘦，营养不良，精神委顿，被毛粗干易脱落，皮肤干裂无弹力，表层不断龟裂，层层脱落。眼结膜初期充血，后期有出血点，流泪，眼睑肿胀，眼内角有白色或黄白色黏稠分泌物。

【病理变化】 皮下水肿和胶样浸润为本病的显著症状之一。畜体下部、生殖器官、四肢及其他部位的皮下发生水肿，并有黄色胶样浸润。腹胸腔内含有大量的浆液性液体，并混有黄色胶样物及纤维素块。脾脏肿大，急性者髓质松软，慢性者硬度反而增强，实质贫血，包膜上有出血点。肝脏肿大、淤血，有散在的脂肪性变，呈肉豆蔻样。肾脏高度肿胀，包膜下有点状出血。心内、外膜有点状出血斑。胃肠浆膜常有小出血点。

【诊　断】 确诊本病主要通过病原检查，即从血液中找到虫体。其方法有鲜血压滴标本检查法、涂片染色标本检查法、集虫检查法、淋巴穿刺检查法；另一种诊断方法是血清学诊断，主要有补体结合反应、甲醇胶体反应、琼脂扩散沉淀反应、胶乳凝集试验、微量间接血凝试验等。

【检疫处理】 在检疫中检出锥虫病病牛，应将其与同群其他动物隔离观察，并对其进行检查，同时用杀虫剂喷洒牛体和圈舍，以预防和消灭本病的传播媒介。

十七、日本血吸虫病

【病　原】 日本血吸虫病是由日本血吸虫引起的牛、羊、猪、犬等以及啮齿类动物寄生虫病，人兽共患。终末宿主是人和哺乳类动物，中间宿主是水陆两栖的钉螺。症状为发热、消瘦、腹泻和排黏稠血便等。

【流行病学特点】 日本血吸虫在人和牛、猪、马、羊等体内均寄生，黄牛感染率高于水牛，一般黄牛年龄越大阳性率越高，水牛的感染率则随年龄的增高而有降低的趋势。牛的感染途径主要是经皮肤感染，还可通过口腔黏膜或胎盘感染。

本病流行的3个关键条件是：病原体（虫卵）从家畜或其他宿主体内随粪便排出，在水中孵化为毛蚴；毛蚴感染中间宿主钉螺，在螺体内发育繁殖，最后形成尾蚴从钉螺体内逸出；尾蚴穿过动物或其他宿主的皮肤，侵入宿主体内，发育为成虫。如此反复循环，形成一个流行锁链。所以，本病的传播与流行同气候、土壤、放牧季节等因素有关，一般多发生在有中间宿主分布的地区和钉螺活动季节（夏、秋季），呈地方性流行。

【临床症状】 临床上有急性和慢性两种类型。当大量感染时，呈急性经过，体温升高达40℃以上，精神委顿，食欲不振，喜卧，感染20天后，开始腹痛，继而下痢，有里急后重现象，粪便中带有黏液、血液，有腥臭味，病畜日渐消瘦、虚脱。少量感染时，病程多取慢性经过，一般症状不明显，体温、食欲等均无多大变化。主要表现为消瘦，反复腹泻，血便。若是母牛，则发生不孕或流产。

【病理变化】 本病所引起的病理组织变化主要是由于虫卵沉积于组织中，产生虫卵结节。虫卵沉积所产生的虫卵结节分布在与静脉系统相连的器官内，尤其在大肠和肝脏中最多。肝脏表面和切面上肉眼可见粟粒大至高粱米大灰白色或灰黄色的虫卵结节。感染初期肝脏肿大，晚期多萎缩硬变。严重感染时，肠道各段均能找到虫卵沉积，尤以直肠部分病变更为严重，常见小溃疡、瘢痕和肠壁区域性肥厚。肠系膜和网膜也常有虫卵结节，实质器官有时也见虫卵结节。

【诊　断】 确诊本病主要通过病原检查，多采用粪便沉淀孵化法检查毛蚴以做出诊断。还可采用免疫学检查法，如环卵沉淀试验、絮状沉淀试验、补体结合试验、间接血凝试验、酶联免疫吸附试验等。

【检疫处理】 检疫时，对检出的血吸虫病病牛除肝、肠系膜、大网膜等病变脏器作工业用或销毁外，其肉尸和皮张可不受限制出厂。

十八、山羊关节炎-脑炎

【病　原】 山羊关节炎-脑炎是由山羊关节炎-脑炎病毒引起的山羊的一种病程缓慢的进行性传染病。主要特征为成年山羊呈缓慢发展的关节炎，间或伴有间质性肺炎和间质性乳房炎；2～6月龄羊表现为上行性麻痹的神经症状。本病呈世界性分布，在许多国家感染率很高，潜伏期长，且终生带毒。

【流行病学特点】 山羊最易感，在自然条件下，只感染山羊，不分年龄、性别和品种均可感染。病羊和带毒羊是主要传染源。消化道是主要传播途径，羔羊可通过吮吸含病毒的初乳和常乳进行水平传播。同样，感染羊的排泄物、饮水、饲料也能传播，因此易感羊与感染的成年羊长期密切接触能传播本病。本病多呈散发。

【临床症状】

1. 神经型 2～4月龄山羊多发，主要表现为脑脊髓炎症状。病初跛行，四肢僵硬，共济失调，一肢或数肢麻痹。有的病羊眼球震颤，角弓反张，头颈歪斜和做转圈运动。病程半年至1年。多数病羊死亡。

2. 关节炎型 1岁以上成年山羊多发，典型症状为腕关节肿大、跛行。也可发于膝关节和跗关节，症状出现较缓慢，病情渐进性加重。病初有关节周围软组织水肿，触之有热痛感。有的肩前和腘淋巴结肿大。病羊多因长期卧地继发感染致死。病程可达

1～3 年。

3. 肺炎型 较少发生，病羊表现渐进性消瘦，呼吸困难，听诊肺部有湿性啰音，叩诊有浊音。

【病理变化】

1. 神经型 可见小脑和脊髓白质有直径 5 毫米大小的棕红色病灶。脑后侧叶淋巴细胞聚集形成直径 1～2 毫米大小的灰白色病灶。

2. 关节炎型 表现关节囊瘤，关节膜、滑膜增厚，呈棕红色，有出血点。关节周围组织钙化。滑膜囊和关节软骨粘连，大多数病例还会发生糜烂。

3. 肺炎型 肺膈叶表现间质性肺炎症状，触之有坚实感。少数病例可见肾小球肾炎、心肌炎和淋巴样组织增生。

【诊　断】 确诊本病常采用病原分离培养、琼脂扩散试验、酶联免疫吸附试验等。

【检疫处理】 对检出的阳性动物和患病动物应进行扑杀、销毁处理。对同群其他动物在指定的隔离地点进行隔离观察 1 年以上，在此期间进行 2 次实验室检验，证明为阴性动物群时方可解除隔离检疫期。

十九、梅迪-维斯纳病

【病　原】 梅迪-维斯纳病是成年绵羊的一种不表现发热症状的接触性传染病。在临床和病理学上是两种明显不同的慢性传染病。梅迪病以慢性进行性间质性肺炎为特征，维斯纳病以慢性脱髓鞘的亚急性脑炎为特征。疾病潜伏期长，发展缓慢，病程长，病羊衰弱、消瘦，最后死亡。

【流行病学特点】 本病主要感染绵羊，山羊也有感染报道。据观察，梅迪病多见于 3～4 岁的绵羊，而维斯纳病则多见于 2 岁以上的绵羊。病羊和健羊接触通过消化道和呼吸道感染，水平方式传播，也可经胎盘和乳汁在母羊和羔羊间传播。本病多呈散发，一年四季均可发生。

【临床症状】 梅迪病(呼吸道型)表现慢性、进行性间质性肺炎，呼吸频数，鼻孔扩张，头高仰，听诊肺部背侧出现啰音，叩诊时在肺的腹侧有实音。病羊仍有食欲，但体重不断下降，消瘦，衰弱。病羊一般保持站立姿势，体温一般正常。发病率因地区而异，病死率很高。病程一般为 2～5 个月。

维斯纳(神经型)病初出现头姿势异常和唇颤，步态异常，运动失调和轻瘫，尤其后肢严重。病情缓慢恶化，最后全瘫而死亡。病程数周至数年。

【病理变化】 梅迪病的病理变化主要见于肺和肺淋巴结，病肺体积膨大 2～4 倍，打开胸腔时肺不塌陷，各叶之间以及肺和胸壁粘连。肺重量增加，呈淡灰黄色或暗红色，触摸有橡皮样感觉。肺的重量为正常肺的 2～3 倍。肺组织致密，质地如肌肉，以膈叶变化最明显，心叶和尖叶次之。

维斯纳病肉眼可见病变不显著，病程很长的，其后肢肌肉经常萎缩。

【诊　断】 确诊本病常采用的方法有病毒分离、琼脂扩散试验及病理组织学检查。

二十、猪流行性乙型脑炎

【病　原】 猪流行性乙型脑炎是由日本脑炎病毒引起的一种急性人兽共患传染病。病猪表现高热，妊娠母猪流产，胎儿多是死胎或木乃伊胎。公猪发生睾丸炎。猪感染后，病毒在猪体内大量增殖，并且病毒血症持续时间较长。

【流行病学特点】 本病毒可感染猪、马、牛、羊等动物，其中马最易感，人次之。这些带毒动物在病毒血症阶段都可成为传染源。本病主要通过蚊子叮咬而传播，也可通过妊娠母猪经胎盘侵害胎儿，进行垂直感染。有明显季节性，呈散发或地方流行性。

【临床症状】 本病多突然发病，体温升高至40℃～41℃，表现精神委顿、嗜睡、食欲减退或废绝，有渴感，结膜充血，心跳增加。有的病猪呼吸促迫，咳嗽。肠音微弱，粪便干燥，尿液呈深黄色。妊娠母猪突然发生流产或早产，胎儿多为死胎或木乃伊胎，大小不等。公猪主要见有一侧或两侧睾丸肿胀，常在2～3天后逐渐恢复正常。

【病理变化】 脑、脑膜和脊髓膜充血，脑室和脊髓腔积液增多。睾丸肿大、充血、坏死。子宫内膜充血，有小出血点，表面有黏稠分泌物。肝肿大，贫血，质硬，有小块坏死斑。脾一般正常，边缘有出血性梗死。肺充血、水肿，有肺炎灶。全身淋巴结可见边缘出血，轻微肿大。

【诊　断】 确诊本病常采用补体结合试验、中和试验、血凝抑制试验等血清学诊断方法。

二十一、猪细小病毒病

【病　原】 猪细小病毒病是由猪细小病毒引起的母猪繁殖障碍性传染病。其特征为妊娠母猪发生流产、死产、胚胎死亡、胎儿木乃伊化，而母猪本身并不表现临床症状。其他猪感染后也无明显的临床症状。

【流行病学特点】 本病毒可感染各种猪，包括胚胎、仔猪、母猪、公猪。传染源主要是受感染的病猪。本病可经胎盘和交配垂直感染。公猪、肥育猪和母猪主要是经污染的饲料、环境经呼吸道、消化道感染。另外，鼠类可以机械地传播本病。

污染的猪舍是本病毒的主要贮藏所，污染的食物及猪的唾液等均能长久具有传染性。本病主要发生于春、夏季节或母猪产仔和交配季节，一般呈地方流行性或散发。

【临床症状】 母猪出现繁殖障碍，感染母猪发情不正常，流产、产死胎或只产出少数仔猪，或产出的仔猪大部分为木乃伊胎，产后久配不孕等。其他猪感染后无任何明显的临床症状。

【病理变化】 本病病变主要表现在母猪妊娠期 70 天以前感染的胎儿。母猪子宫内膜有轻微炎症，胎盘有部分钙化现象，胎儿在子宫胎盘内有被溶解、吸收的现象。感染胎儿还可看到充血、水肿、出血、体腔积液、脱水、木乃伊化及坏死等病变。

【诊　断】 确诊本病主要采用病原检查和抗体检查。抗体检查常用的方法有血凝试验、血凝抑制试验、免疫荧光抗体试验、酶联免疫吸附试验、血清中和试验、琼脂免疫扩散试验等；最新的诊断方法有放射免疫测定、单克隆抗体诊断法等。

【检疫处理】 目前对本病尚无有效的治疗方法，检疫时一旦检出本病，阳性动物应做扑杀、销毁处理，同群动物隔离观察。

二十二、猪繁殖与呼吸综合征

【病　原】 猪繁殖与呼吸综合征又名猪蓝耳病，是由猪繁殖与呼吸综合征病毒引起的以成年猪生殖障碍，早产，流产，死产，死胎和木乃伊胎，弱胎增多，仔猪表现呼吸道症状为特征的一种传染病。

【流行病学特点】 本病仅见于猪，呈地方性流行，不同年龄、性别和品种的猪均能感染，生长猪和肥育猪症状较为温和，母猪和仔猪症状较为严重。病猪、带毒猪是本病的主要传染源。主要传播途径是猪场之间猪的移动和空气传播，鸟类、野生动物及运输工具也可传播本病。

猪群一旦感染本病毒，可迅速传播全群，2～3 个月内血清阳性率可达 85％～95％，随后可持续感染数月。

【临床症状】 目前本病一般分为急性型、亚临床型、慢性型。初次发生往往呈急性经过，急性发病期过后，出现慢性和亚临床感染。急性发病期表现为厌食、发热、无乳症、昏睡，有时出现皮肤变色、呼吸困难、咳嗽,这些症状不是所有的猪同时出现。

1. 母猪 主要表现精神沉郁,食欲减退或废绝,咳嗽,有不同程度的呼吸困难,间情期延长或不孕。妊娠母猪发生早产,后期流产、死产、胎儿木乃伊化、产弱仔等。部分新生仔猪表现呼吸困难、共济失调及轻瘫等症状,产后1周内死亡率明显增高。个别母猪的双耳、腹部、尾部及外阴部皮肤呈现青紫色或蓝紫色斑块,双耳发凉。

2. 仔猪 1月龄内仔猪最易感,表现典型的临床症状。体温升高达40℃以上,呼吸困难,有时呈腹式呼吸,食欲减退或废绝,腹泻,离群独处或互相挤作一团,背毛粗乱,后腿及肌肉震颤,共济失调,渐进性消瘦,眼睑水肿。有的仔猪表现口、鼻奇痒,常用鼻盘、口端摩擦圈舍壁栏,鼻内有面糊状或水样分泌物。患病仔猪成活率明显降低,耐过仔猪长期消瘦、生长缓慢。

3. 肥育猪 表现轻度的类流感症状,呈现暂时性的厌食及轻度呼吸困难。少数病例表现咳嗽及双耳背面、边缘及尾部皮肤出现深青紫色斑块。

4. 公猪 发病率低,表现厌食、呼吸加快、咳嗽、消瘦、昏睡及精液质量下降,一般无发热现象,极少数公猪出现双耳皮肤变色。

【病理变化】 间质性肺炎是本病最常见的病变,剖检见母猪肺水肿、肾盂肾炎和膀胱炎。母猪流产的死胎及出生后不久死亡的弱仔猪,可见头部水肿,眼结膜水肿,耳廓、头、颈部发绀,下颌淋巴结和肠淋巴结肿大,有斑状出血,扁桃体水肿并呈弥漫性出血。胸、腹腔积液,肝有少量点状出血,肠系膜充血,胃底出血。

患病的断奶仔猪,可见耳尖和耳边缘出现轻度发绀。肩前淋巴结、下颌淋巴结、肠淋巴结肿大。脾肿大,并有紫色的出血灶。肺表面散在许多灰黑色半透明粟粒大病灶。肝轻度肿大,小肠黏膜充血。

【诊　断】 本病确诊可采用病毒分离、免疫过氧化物酶单层试验、间接免疫荧光抗体试验、血清中和试验和酶联免疫吸附试验等方法。

【检疫处理】 检疫时一旦检出本病，阳性动物应做扑杀、销毁处理，同群动物隔离观察。

二十三、猪丹毒

【病　原】 猪丹毒是由猪丹毒杆菌引起的一种急性、热性传染病，通常呈败血症症状。亚急性型常伴有特征性皮疹，慢性经过表现为多发性关节炎、心内膜炎和皮肤坏死。临床上可分为急性败血型、亚急性疹块型和慢性心内膜炎型。

【流行病学特点】 本病主要发生于猪，尤其是架子猪，随着年龄的增长而易感性降低。其他家畜如牛、羊、犬、马和禽类也有发病报告，人也可感染。病猪和带毒猪是本病的传染源，猪丹毒杆菌主要存在于带菌猪的扁桃体、胆囊、回盲瓣的腺体处和骨髓里。病菌通过被污染的饲料、饮水等经消化道传染给易感猪，也可通过损伤的皮肤及吸血昆虫传播。

本病具有明显的季节性，以7～9月份的夏、秋季多发，在气温偏高且四季气温变化不大的地区，一年四季都有发生。常为散发性或地方流行性感染，有时也发生暴发性流行。

【临床症状】 急性败血型猪丹毒最常见，以突然暴发、急性经过和高病死率为特征。体温升高达42℃～43℃，稽留不退，虚弱，不食，有时呕吐。结膜充血，眼睛清亮。粪便干硬呈栗状，附有黏液，小猪后期可能下痢。严重病例呼吸增快，黏膜发绀，部分病猪在耳、颈、背等部皮肤发生潮红，继而发紫。病程短促的可突然死亡。

哺乳仔猪和刚断奶的小猪一般突然发病，表现神经症状，抽搐，倒地而死，病程多不超过1天。

亚急性疹块型的特征是皮肤表面出现疹块，俗称“打火印”。

病猪病初食欲减退、口渴、便秘，有时还有恶心呕吐、体温升高，通常于发病后 2～3 天在胸、腹、背、肩、四肢等部的皮肤发生疹块，呈方块形、菱形或圆形，稍凸于皮肤表面，大小约 1 厘米至数厘米，从几个到几十个不等。初期疹块充血，指压褪色，后期淤血，压之不褪色。

慢性型常表现为慢性关节炎、慢性心内膜炎和皮肤坏死。慢性关节炎表现四肢关节肿胀，腕、跗关节较为常见，病腿僵硬、疼痛、跛行或卧地不起。病猪食欲正常，但生长缓慢。慢性心内膜炎表现消瘦，贫血，全身衰弱，举步缓慢，全身摇晃，心跳加速，心律失常。呼吸急促，通常因心脏麻痹而突然倒地死亡。皮肤坏死常发生于背部、肩部、耳部、蹄部和尾部，局部皮肤肿胀、隆起，呈黑色干硬状，似皮革。2～3 个月坏死皮肤脱落，遗留一片无毛的瘢痕。

【病理变化】 败血型猪丹毒主要以急性败血型的全身变化和体表皮肤出现红斑为特征。鼻、唇、耳及腿内侧等处皮肤和可视黏膜呈不同程度的紫红色，全身淋巴结发红肿大、充血、切面多汁。脾呈樱桃红色，质地松软，显著充血、肿大，边缘钝，切面外翻，凹凸不平，脾髓暗红而易于刮下，脾小梁和滤泡结构模糊，呈典型的败血脾。这是猪丹毒区别于猪瘟和猪肺疫的特征性变化之一。

整个消化道都有十分明显的卡他性和出血性炎症变化，胃底及幽门部尤其严重，呈红布样。肾常发生急性出血性变化，明显肿大、淤血，俗称“大红肾”。肺淤血和水肿，常见出血点。肝常显著充血，呈红棕色，于空气中则转变为鲜红色。

亚急性疹块型以皮肤疹块为特征，是由于败血症发展所致，内脏还有如上的败血症病理变化。

慢性型主要表现在心内膜上，有菜花状赘生物，四肢关节可能显著肿大变形或粘连，切开时可见韧带增厚，囊内有浆液性纤维素性渗出物，或内壁结缔组织增生甚至钙化。

【诊　断】 本病确诊常采用病原检查法（如涂片镜检）和血清

学诊断法(如生长凝集试验、血凝抑制试验、酶联免疫吸附试验和荧光抗体试验)。

【检疫处理】 检疫时,对检出的可疑猪丹毒病猪,应立即隔离,及早治疗。猪圈、运动场、饲槽及用具等要消毒,对可能污染的地方与用具也应彻底消毒。慢性心内膜炎或慢性关节炎的病猪最好及早淘汰。

肉尸内脏有显著病变者,全部化制或销毁。有轻微病变的肉尸及内脏高温处理后出厂,血液化制或销毁,猪皮消毒后利用。规定高温处理的肉尸和内脏,应在24小时内处理完毕。

病愈的猪,皮肤上仅显灰黑色痕迹,皮下无病变者,可将患部割除后出厂。

二十四、猪肺疫

【病　原】 猪肺疫又叫猪巴氏杆菌病,是由多杀性巴氏杆菌引起的急性流行性或散发性传染病。特征是急性型呈败血症和炎性出血,慢性型表现皮下组织、关节、各脏器的局灶性化脓性炎症。

【流行病学特点】 多杀性巴氏杆菌对多种动物和人均有致病性。家畜中以猪、牛发病较多。病猪和健康猪是主要传染源。病菌随病猪和带菌猪的分泌物和排泄物排出,污染饲料、饮水、用具和外界环境,经消化道和呼吸道进行传播,也可经黏膜的伤口发生感染。一般情况下,不同畜、禽间不易互相传染,但在个别情况下,猪可传染给水牛,而禽与兽相互传染少见。本病发生无明显季节性,多散发。

【临床症状】 潜伏期1～5天。临床上一般分为最急性型、急性型和慢性型。

1. 最急性型 特征为病畜发病急、咽喉部水肿、迅速死亡等特征。常常晚间吃食正常,翌日清晨发现死于圈舍中。病程稍长、病症明显的可表现体温升高,心跳加快,颈下咽喉部发热、红肿、坚硬。病猪呼吸极度困难，呈犬坐姿势，伸长头颈呼吸，有时发出喘鸣声。可视黏膜发绀，腹侧、耳根和四肢内侧皮肤出现红斑。一经出现呼吸症状，即迅速恶化，很快死亡。病程1～2天，病死率很高。

2. 急性型 最常见，也是本病的主要病型。除了具有败血症的一般症状外，主要表现为呼吸道症状。病初体温升高至40℃～41℃，发生短而干的痉挛咳嗽，呼吸困难，有黏稠鼻液，有时混有血液。后期变为湿咳，咳时有痛感，触诊胸部有剧烈的疼痛。听诊有啰音和摩擦音。初期便秘，后期腹泻。病情严重后表现呼吸极度困难，呈犬坐姿势，可视黏膜发绀，皮肤有紫斑或小出血点。一般颈部不呈现红肿。心跳加快，心律失常，消瘦无力，卧地不起，多窒息而死。病程5～8天，不死者转为慢性病例。

3. 慢性型 主要表现为慢性肺炎和慢性胃肠炎的临床症状。有时有持续性咳嗽和呼吸困难，鼻腔流出少量黏液脓性分泌物，有时出现痂样湿疹，关节肿胀，食欲不振，常有腹泻现象。进行性营养不良，极度消瘦，多经过2周以上衰竭而死。

【病理变化】 最急性型病例主要病变为全身黏膜、浆膜和皮下组织大量出血点，尤以咽喉部及其周围结缔组织出血性浆液性浸润最为特征。切开颈部皮肤，可见大量胶冻样淡黄色或灰青色纤维素性浆液。全身淋巴结出血，心外膜和心包膜小点出血，肺急性水肿，脾出血但不肿大，胃肠黏膜有出血性炎症变化。

急性型病例除全身浆膜、黏膜、实质器官和淋巴结的出血性病变外，特征性的病变是纤维素性肺炎。肺有不同程度的肝变区，周围常伴有水肿和气肿，病程长的肝变区内还有坏死灶，肺小叶切面呈大理石状纹理。胸膜常有纤维素性附着物，严重的胸膜与肺粘连，胸腔及心包积液。支气管、气管内含有多量泡沫状黏液，黏膜发炎。

慢性型病例表现为肺肝区扩大，并有黄色或灰色坏死灶，外面有结缔组织包囊，内含干酪样物质；有的形成空洞，与支气管相通。心包与胸腔积液，胸腔有纤维素性沉着，胸膜肥厚，常与病肺粘连。

【诊　断】 本病确诊常采用病原学检查，如染色镜检、细菌分离和鉴定。

【检疫处理】 检疫时，若发现可疑猪肺疫病猪，应立即隔离，及早治疗。猪圈、运动场、饲槽及用具等要消毒，对可能污染的地方与用具也应彻底消毒。

对检出的猪肺疫病猪的肉尸和内脏应按照《病害动物和病害动物产品生物安全处理规程》(GB 16548—2006)规定处理。

二十五、猪链球菌病

【病　原】 猪链球菌病是由多种不同群的链球菌引起的不同临床类型传染病的总称。常见的有败血性链球菌病和淋巴结脓肿两种类型。其特征为：急性病例常表现败血症和脑膜脑炎，发病率、病死率高，危害大；慢性病例表现关节炎、心内膜炎及组织化脓性炎，此型最常见，流行最广。

【流行病学特点】 各种年龄的猪均易感，以架子猪和妊娠母猪最易感，发病率高。当猪群暴发流行时，与猪经常接触的牛、犬和禽类不见发病。病猪和病愈带菌猪是本病自然流行的主要传染源。从病猪的鼻液、尿液、粪便、唾液、肌肉、内脏及肿胀的关节内均可检出病原体。未经无害化处理的病猪和死猪的肉、内脏及废弃物是散播本病的主要原因。健康猪主要经呼吸道和消化道而感染。

【临床症状】 潜伏期一般为1～3天。

1. 败血性链球菌病 可分为急性败血型和脑膜脑炎型。

(1)急性败血型　突然发病，体温升高，食欲不振，便秘，粪干硬，常有浆性鼻液，眼结膜潮红，流泪，部分病猪出现多发性关节炎，跛行、爬行或不能站立。有的病猪出现共济失调、磨牙、空嚼或昏睡等神经症状，病的后期出现呼吸困难。常在 1～3 天内死亡，病死率达 80%～90%或以上。治疗不及时则可转为亚急性型或慢性型。

(2)脑膜脑炎型　多见于哺乳仔猪和断奶后的小猪。病初体温升高，不食，便秘，有浆液性或黏液性鼻液。病猪很快表现出神经症状，如四肢运动不协调、转圈、空嚼、磨牙、仰卧，继而后肢麻痹、前肢爬行、四肢做游泳状划动或昏迷不醒等。部分猪出现多发性关节炎、关节肿大。有部分小猪在头、颈、背等部位出现水肿，指压凹陷。病程 3～5 天。

2. 淋巴结脓肿　多见于颌下淋巴结发生化脓性炎症，其次是咽部、耳下和颈部淋巴结。受害淋巴结发炎肿胀，触诊坚硬，有热痛感，可影响采食、咀嚼、吞咽，甚至呼吸障碍，体温升高。有的表现咳嗽、流鼻液。化脓处成熟后，肿胀部中央变软，自行破溃流脓。之后全身症状显著好转，整个病程为 3～5 周，一般不死亡。

【病理变化】　急性败血型病猪鼻黏膜呈紫红色，充血及出血。喉头、气管充血，常见大量泡沫，肺充血肿胀。全身淋巴结有不同程度的肿大、充血和出血。心包积液，呈淡黄色。多数病例脾肿大，呈暗红色或蓝紫色，柔软而易脆裂。胃和小肠黏膜充血和出血。肾脏多为轻度肿大，充血和出血。

脑膜脑炎型病猪剖检可见脑膜充血、出血，严重者溢血。心包膜、腹腔均有不同程度的纤维素性炎。全身淋巴结有不同程度的肿大、充血或出血。部分病例有多发性关节炎，关节肿大、关节囊内有黄色胶样液体，但不见脓性渗出物。

【诊　断】　本病确诊常采用病原学检查和血清学检查。病原学检查主要包括涂片镜检检查、分离培养和鉴定及生化试验等；血清学检查常用免疫荧光抗体技术、协同凝集试验和乳胶凝集试验等。

【检疫处理】　检疫时，对检出的链球菌病病猪，应立即隔离，及早治疗。猪圈、运动场、饲槽及用具等要消毒，急宰场地和可能污染的地方与用具也应彻底消毒。

二十六、猪传染性萎缩性鼻炎

【病　原】 猪传染性萎缩性鼻炎是猪的一种慢性呼吸道传染病，主要由支气管败血波氏杆菌引起，特征为鼻甲骨萎缩、打喷嚏、鼻塞、颜面部变形和生长迟滞。本病呈世界性分布，是对现代集约化养猪危害最大的疾病之一。

【流行病学特点】 任何年龄的猪均可感染本病，以幼猪易感性最大，明显的临床病变主要见于1～5月龄猪，严重病变多见于1～3月龄猪。病猪和带菌猪是本病的传染源，在发病猪群中，虽然许多成年猪没有表现临床症状，但其鼻腔带菌率相当高。其他带菌动物如猪场中的鼠类也可带菌成为本病的传染源。传播方式主要是通过飞沫传染，病猪或带菌猪通过接触经呼吸道把病菌传给幼龄猪。一旦猪群感染了支气管败血波氏杆菌，则很难在猪群中清除掉。

【临床症状】 病猪打喷嚏、吸气困难、发出鼾声。鼻孔排出少量清液或黏性脓液，严重者流鼻血。病猪表现不安，奔跑，摇头，拱地，搔抓、摩擦鼻部，呼吸困难，咳嗽。本病初期症状轻微，有些病猪出现上述鼻炎症状后，经过数周即可消失。但多数病猪上述症状会逐渐增强，鼻甲骨开始萎缩，打喷嚏，流眼泪，结膜发炎。在打喷嚏的同时有水样或脓样黏液从鼻孔流出。眼下角附着月牙状黄黑色斑，常见鼻出血。随着鼻甲骨萎缩的进展，颜面部变形，鼻腔歪斜或鼻腔长度缩短，鼻面后方皮肤形成皱褶。有的上颌骨变形，门齿咬合不正。

【病理变化】 病变一般限于鼻腔和邻近组织，最特征的病变是鼻腔的软骨和鼻甲骨的软化和萎缩，特别是下鼻甲骨的下卷曲最为常见，间有萎缩限于筛骨或上鼻甲骨的病例。有的病猪萎缩严重，甚至鼻甲骨消失，鼻中隔发生部分或完全弯曲，鼻腔成为一个鼻道。有的下鼻甲骨消失，而只留下小块黏膜皱褶附在鼻腔的外侧壁上。

【诊　断】 确诊本病常采用病原学检查，即细菌分离培养。还可使用血清学检查，如试管凝集试验和平板凝集试验等方法。

【检疫处理】 对检出的病猪应立即隔离，及早治疗。场地及可能污染的地方与用具也应彻底消毒。

二十七、猪支原体肺炎

【病　原】 猪支原体肺炎又称猪地方流行性肺炎或猪气喘病，是由猪肺炎支原体引起的猪的一种慢性呼吸道传染病。其临床特征为咳嗽、气喘。本病广泛存在于世界各地，一般情况下病死率不高。

【流行病学特点】 自然情况下，本病仅见于猪。在新疫区暴发的初期，妊娠后期母猪往往呈急性经过，症状较重，病死率较高；流行后期或老疫区则以哺乳仔猪和断奶小猪多发，病死率较高，母猪和成年猪多呈慢性型和隐性型。

【临床症状】 本病的主要临床症状为咳嗽和气喘。

1. 急性型 常见于新发病的猪群，以妊娠母猪和小猪更为多见。病猪突然精神不振，头下垂，站立一隅或趴伏在地，呼吸次数剧增。之后呼吸困难，发出哮鸣声，似拉风箱，腹式呼吸。此时病猪站立或呈犬坐式，不愿卧地。如无继发感染，体温一般正常。病程一般为 1～2 周，病死率较高。

2. 慢性型 主要症状表现为咳嗽，清晨喂食或剧烈运动时，咳嗽最明显。随着病程的发展，常出现不同程度的呼吸困难，表现呼吸次数增加和腹式呼吸。这些症状时而明显，时而缓和。病程长的小猪出现消瘦、衰弱，生长发育停滞。

3. 隐性型 感染后不表现症状，但用 X 线检查或剖检时可以发现肺炎病变。

【病理变化】 本病的主要病变在肺、肺门淋巴结和纵隔淋巴结。

急性死亡病例剖检可见肺有不同程度的水肿和气肿，在心叶、尖叶和中间叶出现融合性支气管肺炎变化。病变的颜色多为淡灰红色或灰红色，半透明状。病变部界限明显，像鲜嫩的肌肉样，俗称“肉变”。病变部切面湿润而致密，常从小支气管流出微浑浊灰白色带泡沫的浆性或黏性液体。病程延长，病变部颜色变深，呈淡紫色、深紫红色、灰黄色，半透明状的程度减轻，坚韧度增加，俗称“虾肉样变”。恢复期病例肺小叶间结缔组织增生硬化，病变逐渐消散。肺门淋巴结和纵隔淋巴结显著肿大，呈灰白色，有时边缘轻度充血。

【诊　断】 对活体动物常采用X线检查确诊，或采用血清学检查，如微量补体结合试验、琼脂扩散试验、免疫荧光试验、间接红细胞凝集试验等。

二十八、旋毛虫病

【病　原】 旋毛虫病是由线虫纲、毛首目、毛形科的旋毛虫引起的人、畜和野生动物共患的寄生虫病。特征是发热和表现肌肉疼痛的急性肌炎。旋毛虫病是一种自然疫源性疾病，其特点是自然宿主几乎包括每一种哺乳动物。成虫寄生于人和多种动物的肠内，故称肠旋毛虫。幼虫寄生于同一动物的横纹肌中，称肌旋毛虫。

【流行病学特点】 旋毛虫的成虫与幼虫寄生于同一个宿主，宿主感染时，先为终末宿主，后变为中间宿主。旋毛虫常寄生于人、猪和鼠类。宿主因摄食了含有包囊幼虫的动物肌肉而受感染，包囊在宿主胃内被溶解而释出幼虫，之后到小肠内变为性成熟的肠旋毛虫，雌雄成虫交配后，雌虫钻入肠腺或黏膜下的淋巴间隙内进行发育，产出幼虫，经肠系膜淋巴结入胸导管，再到右心，经血液循环到全身各处，但只有进入横纹肌纤维内的才能进一步发育。幼虫以在活动量较大的肋间肌、膈肌、舌肌和咬肌中较多见。

旋毛虫病是通过其在肌肉中的包囊幼虫而在宿主间传播。人和动物因吞食含有侵袭性旋毛虫（成熟的肌旋毛虫）的肉而受感染。感染途径主要是通过消化道。

【临床症状】 旋毛虫病主要是人的疾病，轻者影响身体健康，严重者可导致极度疼痛甚至死亡。本虫对猪和其他动物的致病力轻微，几乎无任何可见症状。

人感染时，症状可分为由成虫引起的肠型和由幼虫引起的肌型两种。成虫侵入肠黏膜时，引起肠炎，严重时有带血性腹泻。幼虫进入肌肉，则表现为急性肌炎、发热、寄生部位肌肉疼痛，同时出现食欲不振，呕吐，僵硬，瘙痒，吞咽、咀嚼、行走困难和呼吸障碍。

【病理变化】 成虫寄生在肠道时，可引起急性卡他性肠炎，小肠黏膜肿胀增厚、水肿、黏液增多和淤斑性出血，少见溃疡。肌型病变表现为肌肉间结缔组织增生，肌纤维萎缩，特别是咬肌、舌肌、咽、膈肌、颈肌、肋间肌和腰肌等旋毛虫常寄生部位病变最明显。

【诊　断】 本病确诊常采用的方法分为两类，一是直接检查组织样品或消化样品中的旋毛虫，如压片法和集样消化法检查肌旋毛虫包囊；二是通过特异性抗体检查，来间接测定寄生虫的存在，如酶联免疫吸附试验、沉淀反应、对流免疫电泳、凝集反应等方法。

【检疫处理】 检疫时，对检出的旋毛虫病病猪肉尸应按照《病害动物和病害动物产品生物安全处理规程》（GB 16548—2006）规定处理。

二十九、猪囊尾蚴病

【病　原】 猪囊尾蚴病又称“米猪肉”，是由猪带绦虫的幼虫——猪囊尾蚴（猪囊虫）引起的人、猪共患寄生虫病。成虫寄生在人的小肠，幼虫寄生在猪的肌肉组织，有时也寄生于实质器官和脑中。特别值得注意的是，幼虫也能寄生在人的肌肉和脑中，引起严重疾病。

【流行病学特点】 眼观成熟的囊尾蚴外形呈椭圆形，约豆粒大，半透明的包囊充满无色透明液体，囊壁上有一圆形、小米粒大、乳白色的头节。镜下用两张载玻片将头节压成薄片后，可见与成虫相同的结构。有 4 个圆形吸盘和 1 个顶突，在顶突上有 2 排角质小钩。

猪带绦虫的成虫只能寄生在人的小肠前半段。虫卵或孕节随粪便排出后污染地面或食物，猪吞食含有虫卵或孕节的食物，在胃肠液作用下，六钩蚴破壳而出，钻入肠壁，进入淋巴管及血管内，随血流到猪体各部组织中去；在到达肌肉组织后，就停留下来开始发育，直至发育为成熟的对人具有感染力的囊尾蚴。

猪囊尾蚴多寄生在咬肌、膈肌、腰肌、肩胛外侧肌、股部内侧肌。脏器中以心肌为常见，故这些部位为宰后重点检疫部位。

人感染猪带绦虫主要是人误食了未煮熟的或生的含有囊尾蚴的猪肉后而引起。人不仅可患猪带绦虫病，也可患囊虫病。

猪感染囊虫病主要取决于环境卫生及对猪的饲养管理方法。猪感染囊虫病是猪吃了被患猪带绦虫病的病人排出的含有虫卵或孕节的粪便污染过的饲料、牧草或饮水而引起。一般散养猪易感染。

【临床症状】 猪轻度感染无明显症状，严重感染时可在舌根部见到稍硬的豆状隆起（囊尾蚴），肩胛部增宽，臀后部隆起，病猪喜卧，睡觉时发出鼾声。其他症状因寄生部位不同而异。

人感染猪带绦虫时，表现贫血、消瘦、腹痛、消化不良和腹泻等症状。人患囊尾蚴病时，轻者在四肢、面部、颈部、背部的皮下出现圆形豆大结节，重者肌肉酸痛、疲乏无力。若寄生于脑内，常引起癫痫；寄生于眼内，可导致失明；寄生于声带内，则声音嘶哑。

临床上常检查舌肌，在舌底面可见米粒大灰白色透明的囊尾蚴囊泡。

【诊　断】 切开咬肌、舌肌、腰肌、心肌、肩胛外侧肌、股部内侧肌等检查囊尾蚴的囊泡。

实验室方法主要有免疫学检查（如变态反应）和血清学检查（如环状沉淀试验、补体结合反应、间接血凝试验、炭粉凝集试验和酶联免疫吸附试验）等。

【检疫处理】 检疫时，对检出的猪囊尾蚴病猪肉尸应按照《病害动物和病害动物产品生物安全处理规程》(GB 16548—2006)规定处理。

三十、马传染性贫血

【病　原】 马传染性贫血简称马传贫，是由马传染性贫血病毒引起的马属动物的一种慢性传染病，以持续感染、反复发热和贫血为特征。临床上主要表现为稽留热或间歇热、贫血、可视黏膜出血、黄疸、心脏衰弱、水肿和消瘦等症状。

【流行病学特点】 只有马属动物感染，其中马最易感，常以急性过程而死亡。病马和带毒马是主要的传染源。病马在发热期内，血液和内脏含毒浓度最高，排毒量最大，传染力最强。隐性感染马则终生带毒，长期传播本病。

本病主要通过吸血昆虫叮咬经皮肤感染，也可通过分泌物和排泄物经消化道、呼吸道传染，还能通过交配、胎盘传染。污染的针头、用具、器械等，通过注射、采血、手术等均可引起本病传播。

【临床症状】 本病常年发病，但以夏、秋蚊蝇活动季节多发。流行初期常呈急性经过，死亡率高，随后转为亚急性型和慢性型，最后以慢性型为主。新疫区多暴发急性型，老疫区断断续续发生慢性型。

1. 急性型 体温呈稽留热型，达 40℃～42℃，反复数次。发热初期可视黏膜潮红，之后表现为可视黏膜苍白、黄染和小出血点。心搏动亢进，心律失常。病马精神沉郁，食欲减退，呈渐进性瘦弱，结膜水肿（脂肪眼），流泪，流鼻液，呼吸增速。有的病马胸腹下、四肢下端或乳房等处出现无热、无痛的水肿，甚至跛行。尿液中有微量蛋白质。

2. 亚急性型　特征为反复发作的间歇热，一般发热 39℃以上持续 3～5 天退热至常温，经 3～15 天的间歇期又复发。有的病马出现温差倒转现象，病程可达 2 个月。

3. 慢性型　特征为不规则发热。一般为微热及中热，无热期长而发热期短，甚至有的发热一次后不再发热。有热期表现心跳快、节律不齐、呼吸困难、消瘦贫血、黏膜出血和肢体水肿。体温在 38.6℃以上，病程数月至数年。

【病理变化】　急性病例主要表现败血变化，浆膜、黏膜苍白，有出血斑点，尤其以舌下、齿龈、鼻腔、阴道黏膜、眼结膜、肠黏膜等尤为明显。皮下水肿和体腔积液。淋巴结肿大，切面多汁。脾脏肿大，脾髓软化松软，呈棕红色或黑红色。肝肿大，质脆弱，呈棕黄色或锈褐色，切面结构不清，呈槟榔状花纹。心内、外膜出血。肾浊肿，皮质有小点出血。慢性病例股骨红骨髓区增生扩大，黄骨髓区缩小。

【诊　断】　确诊本病常采用血清学检查，如琼脂扩散试验、补体结合反应和荧光抗体试验等。

【检疫处理】　检疫中发现马传染性贫血时应及时上报，采取检疫、隔离、封锁、消毒和无害化处理等综合措施。对疫点内其他假定健康的马、骡、驴及时进行普遍检疫，检出的病畜和可疑病畜隔离，远离健康马群。疫点内的厩舍和环境应严格消毒。

患病家畜应采取不放血的方法扑杀后作工业用或销毁。宰后发现患病家畜的肉尸、内脏、血液和皮张全部作工业用或销毁。可疑被本病污染的肉尸及内脏，高温处理后出场，皮张及骨骼等消毒后利用。

三十一、马流行性淋巴管炎

【病　原】 流行性淋巴管炎是由皮疽组织胞浆菌引起的马属动物的一种慢性传染病。其临床特征是在皮下的淋巴管及其邻近的淋巴结、皮肤和皮下结缔组织形成肉芽肿性结节、化脓性炎和溃疡，且常侵害黏膜。

【流行病学特点】 马属动物中以马、骡对本病的易感性最强，驴次之。牛、猪及人也偶能感染。病畜是本病的传染源，主要通过直接接触或间接传递物，如病畜溃疡脓性分泌物、厩舍、马具、垫草等，经损伤的皮肤或黏膜而传染，也可经交配传染。吸血昆虫是本病的机械传递者，刺蜇可造成本病传播。

本病发病无严格的季节性，一般秋末至初冬多发，呈地方性流行，多为散发。

【临床症状】 主要症状是在皮肤、皮下组织及黏膜上发生结节和溃疡；淋巴管肿大，有串珠状结节或溃疡。

1. 皮肤型 具体表现为四肢、头颈部及胸侧等处皮肤和皮下组织发生豌豆大至鸡蛋大的结节，初期硬固无疼痛，被毛覆盖，用手触摸才能发现。后结节逐渐增大，凸起于皮肤表面，变成脓肿后破溃形成溃疡。溃疡稀薄部凹陷，增生肉芽组织后突出呈蘑菇状，溃疡不易愈合，有的痊愈后形成瘢痕。

2. 淋巴管型 病灶如发生在淋巴管上，则淋巴管发炎，变粗、变硬，呈索状肿。肿胀的淋巴管上形成许多小结节，如串珠状。结节破溃后，形成蘑菇状溃疡。局部淋巴结常变大，有的如拇指大或核桃大。

除皮肤、淋巴管病变外，也常侵害鼻腔黏膜和颌下淋巴结。典型的是在鼻腔、口唇、眼结膜、乳房及生殖器官黏膜见有大小不等的黄白色或灰白色圆形、椭圆形扁平结节，破溃后形成溃疡面。全身症状一般不明显。严重病例,如脓肿转移到肺脏等其他器官时,出现体温升高、食欲减退和消瘦。

【病理变化】 在皮肤的生发层内,小的结节外表呈扁平而坚硬的凸起,较大的结节在真皮的深部,外观呈蕈状,而后变为脓肿。在大结节切面上,可见由干硬的或碎渣样的灰白色和黄白色物质所组成的坏死中心。

病变部的肌间结缔组织亦因增生而肥厚,淋巴管因炎症而肥厚、粗大、发硬,形成淋巴索肿。

淋巴结如颌下淋巴结、颈前淋巴结、咽后淋巴结、腹股沟淋巴结等均明显肿大、柔软,有时破溃并与该部皮肤愈着而不易移动。

【诊　断】 确诊本病必须进行病原学检查和变态反应试验,处理方法同马传染性贫血。

三十二、马 鼻 疽

【病　原】 鼻疽是由鼻疽杆菌引起的马、驴、骡等单蹄动物的一种高度接触性传染病,通常马取慢性经过,人也可感染。病的特征是在鼻腔、喉头、气管或皮肤上形成特异性鼻疽结节、溃疡和瘢痕,在肺脏、淋巴结和其他实质脏器内发生鼻疽性结节。

【流行病学特点】 马、骡、驴对本病最易感,马取慢性经过,人也可感染。鼻疽病马是本病的传染源,尤其是开放性鼻疽病马更为危险。消化道是主要的传播途径,通常是通过病畜的鼻分泌液、咳出液和溃疡的脓液污染饲料、饮水而传播,损伤的皮肤、黏膜也可传染,但较少见。呼吸道也是传染途径之一。人感染鼻疽主要经创伤的皮肤和黏膜感染,经食物和饮水感染的罕见。

本病一年四季均可发生,常呈暴发流行,多取急性经过。

【临床症状】 根据临床症状分为肺鼻疽、鼻腔鼻疽和皮肤鼻疽。后两者经常向外排菌,又称开放性鼻疽。3种型可相互转化,一般常以肺鼻疽开始,后继发为鼻腔鼻疽或皮肤鼻疽。

1. 肺鼻疽 主要以肺部患病为特点。病畜常突然发生鼻衄血，或咳出带血黏液，并时常发生干性无力短咳，呼吸次数增加。肺部可听到干性或湿性啰音。当肺部病变融合成较大的肺炎灶或空洞时，则听诊出现半浊音、浊音或破壶音。

2. 鼻腔鼻疽 病畜呈现鼻黏膜潮红肿胀，流白色鼻液，黏膜上有粟粒大、灰黄色结节或溃疡，溃疡愈合后可形成放射状或冰花状瘢痕。严重病例鼻中隔穿孔，同侧淋巴结肿胀、疼痛。

3. 皮肤鼻疽 主要发生于四肢、胸侧及腹下，尤以后肢较多见。初期病畜局部皮肤突然发生有热有痛的炎性肿胀，经过 3～4 天后，在肿胀中心部形成大小不一的结节，不久后破溃，形如火山口状，溃疡不易愈合。结节常沿淋巴管向附近蔓延，形成串珠状肿。病肢常在发生结节的同时出现水肿、皮肤肥厚、皮下组织增生，使后肢变粗形成所谓的“橡皮腿”，从而发生运动障碍。

【病理变化】 鼻疽的特异性病变多见于肺脏，占 95%以上；其次是鼻腔、皮肤、淋巴结、肝及脾等处。肺脏的鼻疽病变主要是鼻疽结节和鼻疽性支气管肺炎，可见有小米粒大至黄豆大的黄白色结节，结节周围有红晕。这种结节随着病程的发展，变为增生性鼻疽结节或坏死，由肉芽组织包围，呈灰白色。鼻疽性支气管肺炎多表现不呈红色肝变的小叶性肺炎，如继发化脓，可形成鼻疽性脓肿。

【诊　断】 确诊本病常采用变态反应（鼻疽菌素）、补体结合试验。处理方法同马传染性贫血。

三十三、马巴贝斯焦虫病

【病　原】 马巴贝斯焦虫病是由巴贝斯焦虫引起的马的一种蜱类传播性传染病，常与驽巴贝斯焦虫混合感染。

【流行病学特点】 传播马巴贝斯焦虫的蜱类很多，以革蜱为主要传播者。小亚璃眼蜱能经卵传递病原体，其他各种蜱系将病原体由一个发育阶段传给下一阶段而后传播。

【临床症状】 本病潜伏期为10～21天，经蜱叮咬后，首先病马表现体温升高，继之精神沉郁、食欲减退、流泪、眼睑水肿、明显贫血、黄疸，有50%以上的红细胞被破坏，有血红蛋白尿。病后期不出现后肢麻痹现象，有时头部、腿部和腹部出现水肿。常发生便秘，排出干硬的粪球，表面附有黄色黏液。鼻腔、阴道和第三眼睑的黏膜上出现出血点。病马迅速消瘦，十分虚弱。病程一般为7～12天，死亡率一般不超过10%，但有时可达50%。

【病理变化】 在外观上，可见尸体消瘦、黄疸、贫血和水肿。剖检常见心包及体腔有积液；脂肪变为胶样，并黄染；脾肿大，软化，髓质呈暗褐色；淋巴结肿大；肝肿大、充血，呈褐黄色，肝小叶中央呈黄色，边缘带绿黄色；肾呈白黄色，有时有淤血；肠黏膜和胃黏膜有红色条纹。

【诊　断】 确诊本病常采血液涂片检查，发现虫体方可确诊。

【检疫处理】 在检疫中检出马巴贝斯焦虫病病马，应将其与其他同群动物隔离观察，并进行检查，同时用杀虫剂喷洒畜体和厩舍，以预防和消灭本病的传播媒介。

三十四、伊氏锥虫病

【病　原】 伊氏锥虫病是由锥虫属的伊氏锥虫寄生于马、骡、驴、牛、骆驼等家畜体内而引起，由吸血昆虫机械传播。马、骡发病后，一般呈急性经过，如不进行适当的治疗，经1～2个月可100%死亡。

【流行病学特点】 马、骡、驴对伊氏锥虫的易感性最强，一般呈急性发作；骆驼、牛、水牛易感性较弱。本病的传染源是各种带虫动物，包括隐性感染和临床治愈的病畜。吸血昆虫（虻、螫蝇）刺螫病畜或带虫动物后，若再刺螫其他易感的健康动物，便能造成伊氏锥虫病的传播。也能经胎盘感染。此外，消毒不完全的采血器械、注射器等也能传播本病。

【临床症状】 本病潜伏期为4～7天。马感染本病后，主要表现体温升高至40℃以上，稽留数日，而后经短暂间歇，再行发作。发热期间，病马呼吸急促，脉搏增数，尿量减少，尿色深黄，尿液黏稠。在间歇期间，症状缓解。反复数次发热后，症状加重，高度贫血，精神沉郁，食欲减退，逐渐消瘦。体表水肿为常见症状。眼结膜和第三眼睑常有出血斑，往往时隐时现。

随着病情发展，病畜高度沉郁，嗜睡，高度贫血，肚腹蜷缩，肛门松弛，心动过速，行走时左右摇晃。末期出现各种神经症状，如呆立、无目的地前冲，或做圆圈运动。死前突然倒地不起，呼吸极度困难。

【病理变化】 皮下水肿和胶样浸润为本病的显著症状之一，马以阴筒最为显著。体表淋巴结肿大、充血，切面呈髓样浸润。血液稀薄，凝固不全，胸、腹腔内含有大量浆液性液体。骨骼肌混浊肿胀，呈煮肉样。急性病畜脾肿大，髓质呈软泥样；慢性者脾较硬，色淡，包膜下有出血点。肝脏肿大、淤血、脆弱。肾脏混浊肿胀，有点状出血。内脏淋巴结肿胀充血，肝、脾所属淋巴结更为显著。心脏肥大，切面呈煮肉样，心内、外膜有明显的粟粒大至黄豆大密集的点状出血。

【诊　断】 确诊本病常采用病原学检查和血清学试验。病原学检查主要是对血液、骨髓和脊椎液采用涂片检查法或集虫检查法检查虫体；血清学检查主要有琼脂扩散试验、对流免疫电泳、补体结合反应等方法。

【检疫处理】 在检疫中检出伊氏锥虫病病马，应将其与其他同群动物隔离观察，并进行检查，同时用杀虫剂喷洒畜体和厩舍，以预防和消灭本病的传播媒介。

三十五、鸡传染性喉气管炎

【病　原】 传染性喉气管炎是由病毒引起的鸡的一种急性接触性呼吸道传染病。其特征是呼吸困难，咳出含有血液的渗出物。剖检可见喉部和气管黏膜肿胀、充血、出血，有时附着黄色干酪样物。本病传播迅速，使鸡群产蛋量下降，并导致死亡率增加。

【流行病学特点】 本病主要侵害鸡，各种年龄的鸡均可感染，但特征症状只在成年鸡才能观察到。病鸡和康复后的带毒鸡是主要传染源，健康鸡可通过呼吸道和消化道接触和吸入含有病毒的分泌物、饲料、垫草、饮水及用具等感染发病。

本病在易感鸡群中传播迅速，感染率为 90%～100%，病死率为 5%～70%，平均在 10%～20%。耐过本病的鸡具有长期免疫力。

【临床症状】 急性病例的特征性症状是鼻孔有分泌物和呼吸时发出湿性啰音，继而咳嗽和气喘。严重病例呈现明显的呼吸困难，咳出带血的黏液，有时死于窒息，喉部黏膜上有淡黄色凝固物附着，不易擦去。

比较缓和的病例只表现生长迟缓，产蛋减少，流泪，结膜炎。较重者表现眶下窦肿胀，持续性鼻液分泌增多和出血性眼结膜炎。有时气管和喉头形成假膜或干酪样分泌物，常引起呼吸困难而窒息死亡。

【病理变化】 主要病变见于气管和喉部组织，该处组织呈黏液样炎症，至后期发生黏膜变性、坏死和出血，常覆有黄白色纤维性干酪样假膜。经剧烈咳嗽和痉挛性呼吸时，常咳出脱落的上皮组织和血凝块。有时鼻腔和眶下窦黏膜可见卡他性炎或纤维素性炎，黏膜充血、肿胀，时有点状出血和大量渗出物。产蛋鸡卵巢异常，出现软卵泡、出血卵泡等。

【诊　断】 确诊本病常采用病原分离、包涵体检查、间接红细胞凝集试验和中和试验等方法。

【检疫处理】 病变仅限于喉头、支气管时,病变部分作工业用或销毁,其余部分高温处理后出场;内脏有病变时,连同喉头与支气管一并作工业用或销毁,其他部分高温处理后出场。

三十六、鸡传染性支气管炎

【病　原】 鸡传染性支气管炎是由传染性支气管炎病毒引起的鸡的一种急性、高度接触性传染的呼吸道疾病。其特征是病鸡咳嗽、打喷嚏和气管发生啰音。在雏鸡还可出现流鼻液、排白色稀便等症状,产蛋鸡出现产蛋率下降和畸形蛋增多。

【流行病学特点】 本病仅发生于鸡,其他家禽均不感染,各种年龄的鸡均可发病。肾型传染性支气管炎主要引起雏鸡发病,产蛋鸡变异传染性支气管炎主要引起产蛋鸡发病。传染源主要是病鸡和康复后的带毒鸡。本病的主要传播方式是病鸡从呼吸道排出病毒,经空气飞沫传染给易感鸡,也可通过被污染的蛋、饲料、饮水、用具等经消化道传染。

近年来肾型传染性支气管炎在我国普遍流行,发病严重,发病程度主要与以下因素有关:感染毒株、雏鸡母源抗体、性别(公鸡死亡率高于母鸡)、营养(饲喂高蛋白质饲料的鸡死亡率高于饲喂低蛋白质饲料的鸡)、鸡日龄(日龄越小发病越重)、环境温度(寒冷会加重病情)。

本病一年四季均可发生,但以冬季较为严重。

【临床症状】 本病特征为一旦感染,迅速波及全群。病鸡有明显的呼吸道症状,呼吸时有啰音或喘鸣音。

发病雏鸡精神不振,常聚集到热源处,羽毛松乱,翅下垂,流泪,流鼻液。雏鸡发生肾型传染性支气管炎时,大群精神较好,发病初期有 2～4 天的轻微呼吸道症状,随后呼吸道症状消失,出现表面上的“康复”,1 周左右进入急性肾病阶段,出现零星死亡。病鸡羽毛逆立，精神委靡，排米汤样白色粪便，鸡爪干瘪。

产蛋鸡发病后，表现为气管有啰音，咳嗽和喘息。产蛋率下降，在恢复期出现大量褪色蛋、小型蛋、软壳蛋等畸形蛋或粗壳蛋。蛋质量差，蛋白稀薄呈水样。

鸡传染性支气管炎是某些传染病的原发病，如支原体病和大肠杆菌病等。因有本病的存在而诱发其他一些传染病时，所表现的一些临床症状并非鸡传染性支气管炎的症状，而是继发病的一些较严重的症状。

【病理变化】 主要病变是气管、支气管、鼻腔和窦内有浆液性、卡他性和干酪样渗出物。育雏期患过呼吸道型传染性支气管炎的产蛋鸡输卵管发育受阻，变细、变短或呈囊状，致使性成熟期不能正常产蛋。

肾型鸡传染性支气管炎可见肾脏肿大、苍白，输尿管扩张，有白色尿酸盐沉着，直肠和泄殖腔内也有大量白色尿酸盐沉着。

【诊　断】 确诊本病常采用病毒分离、琼脂扩散试验、平板快速间接红细胞凝集试验、免疫荧光抗体检查法等。

三十七、鸡传染性法氏囊病

【病　原】 鸡传染性法氏囊病是由传染性法氏囊病病毒引起的一种急性、高度接触性传染病，主要危害中雏鸡和青年鸡。主要症状为腹泻、寒战、极度虚弱。剖检以机体脱水、肌肉出血、法氏囊肿大出血为特征。

【流行病学特点】 自然感染时仅发生于鸡，各种鸡均能感染，主要发生于 2～15 周龄的鸡，4～6 周龄的鸡最易感，成年鸡一般呈隐性感染。病鸡是主要传染源。本病主要是经呼吸道、眼结膜及消化道感染，病毒也可通过鸡蛋传递。小粉甲虫蚴是本病的传播媒介。

本病明显的特点是突然发生，传播迅速，在短时间内该鸡舍所有鸡都可被感染,发病率高达100%,通常在感染后第三天开始死亡,5~7天达到高峰,以后逐渐减少,死亡率则为2%~30%。

本病发生无季节性,只要有易感鸡存在,全年都可发病。

【临床症状】 潜伏期为2~3天,病初可见有的鸡自啄肛门,随后出现精神沉郁,呆立,食欲减退,翅膀下垂,羽毛蓬松,病鸡常畏寒扎堆,不愿走动。病鸡排出浅白色或水样稀便,在粪便中混有白色尿酸盐,肛门周围的羽毛被粪便污染。发病1周后,病死鸡数量明显减少,鸡群迅速康复,若发病后期继发鸡新城疫,则死亡率会有所增高。

【病理变化】 病死鸡脱水,胸肌和腿肌有条状或斑状出血,肌胃与腺胃交界处有溃疡和出血斑,肠黏膜出血。肾肿大、苍白,输尿管扩胀,充满白色尿酸盐。法氏囊的病变具有特征性,法氏囊肿大,外被黄色透明的胶冻物。内褶肿胀、出血,内有炎性分泌物或黄色干酪样物。感染后期法氏囊萎缩。

【诊　断】 确诊本病常采用病毒分离和血清学检查。血清学检查中目前国内外已普遍使用病毒中和试验、琼脂扩散试验、酶联免疫吸附试验、免疫荧光抗体标记试验等方法检查鸡传染性法氏囊特异性抗原或抗体进行诊断。

【检疫处理】 对发生传染性法氏囊病的鸡群、场地要进行彻底消毒,一般可先用2%氢氧化钠溶液、0.3%次氯酸钠溶液、0.2%过氧乙酸溶液、1%复合酚溶液、5%甲醛溶液等消毒药液喷洒,清除病死鸡只后,再用甲醛溶液熏蒸处理栏舍、笼具等养鸡环境,并且要采取严格的卫生隔离措施,防止病毒再度传入鸡舍内。

三十八、鸡马立克氏病

【病　原】 鸡马立克氏病是由马立克氏病病毒引起的一种淋巴组织增生性疾病,主要表现为病鸡的外周神经、性腺、虹膜、各种脏器、肌肉和皮肤单核细胞浸润,是一种淋巴瘤性质的肿瘤疾病。

病鸡常见消瘦、肢体麻痹，并常有急性死亡。

【流行病学特点】 鸡为本病的主要易感动物，年龄幼小的鸡比年龄较大的鸡易感，母鸡的易感性比公鸡高。传染源是病鸡及带毒鸡，感染马立克氏病的鸡，大部分为终生带毒，且不断从脱落的羽毛囊皮屑中排出有传染性的马立克氏病病毒，这是本病难于控制的根本性原因。病毒主要经呼吸道进入体内而感染，通过直接或间接接触方式进行传播。

【临床症状】 根据临床症状可分为3种类型，即神经型（古典型）、内脏型（急性型）和眼型。

1. 神经型 最常侵害坐骨神经，病鸡表现运动障碍，常表现劈叉姿势，一肢伸向前方，另一肢伸向后方。如前臂神经受损害，则被损害一侧翅膀下垂。当颈部神经受损，表现为视力障碍，甚至失明。

2. 内脏型 常侵害幼龄鸡，死亡率高，主要表现为精神委顿，不吃食，病程较短，突然死亡。

3. 眼型 发生于一眼或两眼，视力丧失，虹膜增生、褪色，瞳孔收缩，边缘不整，似锯齿状。

【病理变化】 神经型病变最常见于坐骨神经、腹腔神经丛、臂神经和内脏大神经。受侵害的神经干肿大，比正常的要肿大2～3倍或以上，呈黄白色或灰白色，横纹消失。内脏型病变为内脏发生淋巴细胞瘤病变，心、脾、肝、卵巢等形成一个或多个淋巴肿瘤病灶。眼型病变与临床检查相同。

【诊　断】 确诊本病常采用病毒分离、琼脂扩散试验、间接血凝试验等方法。

【检疫处理】 全身有病变者，肉尸及内脏作工业用或销毁；仅内脏有病变时，将内脏销毁，肉尸高温处理后出场。

三十九、鸡产蛋下降综合征

【病　原】 鸡产蛋下降综合征是由禽腺病毒引起的一种鸡的传染病。临床主要表现为群发性产蛋下降，以产薄壳蛋、褪色蛋或畸形蛋为特征。特征性病理变化主要集中在生殖道、输卵管和卵巢。

【流行病学特点】 本病主要是产蛋鸡易感。各种品系和日龄的鸡均可感染，褐壳蛋鸡尤为易感，但一般没有明显的临床症状。应激反应是导致本病发生的重要原因，感染鸡无临床症状，到开产时，病毒被激活，并在生殖系统内大量繁殖。传播形式主要有垂直传播和水平传播(通过粪便、饮水将病毒传给母鸡)。

我国自1991年以来暴发本病，传播快，流行广，目前已成为引起产蛋损失的主要原因。

【临床症状】 本病主要发生在26～36周龄的产蛋鸡，表现为突然出现群体特异性的产蛋下降，产蛋率可比正常下降20%～30%。同时，产出薄壳蛋、软壳蛋、无壳蛋、小蛋等畸形蛋，蛋壳表面粗糙，呈灰白色、灰黄色粉样。褐色蛋则色素丧失，颜色变浅。蛋白呈水样，蛋黄色浅或蛋白中混有血液等异物。异常蛋占产蛋量的15%以上。产蛋下降持续3～8周后恢复，但很难恢复到正常水平或达到产蛋高峰。

【病理变化】 本病没有明显的肉眼变化特征。患病鸡卵巢萎缩、变小或有出血，可见输卵管及子宫黏膜肥厚，腔内有白色渗出物或干酪样物，其他脏器无明显变化。

【诊　断】 确诊本病主要采用的方法有病原检查和血清学检查。目前已建立的血清学诊断方法有血凝抑制试验、琼脂扩散试验、酶联免疫吸附试验、中和试验、荧光抗体技术和全血平板凝集试验等。

四十、禽白血病

【病 原】 禽白血病是由禽白血病/肉瘤病毒引起的禽类(主要是鸡)多种具有传染性的肿瘤性疾病的统称,特征表现为造血组织恶性增生,全身很多器官可产生肿瘤性病灶,常发部位是肝、脾、法氏囊。

【流行病学特点】 在自然条件下,只有鸡能感染。病鸡和带毒鸡是本病的主要传染源,尤其是带毒母鸡在传播本病中起着重要的作用。有病毒血症的母鸡,本身没有症状而其产下的鸡蛋常常有病毒。本病的主要传播方式是垂直传播,即从带毒母鸡通过卵将病毒传给后代。本病潜伏期长,传播缓慢,发病持续时间长,一般无发病高峰。

【临床症状】

1. 淋巴细胞性白血病 此型是最常见的一种,自然发病多见于14周龄以后,性成熟期发病率最高。本病无特征性症状,仅见鸡冠苍白,皱缩,偶有发绀。食欲不振或废绝,腹泻,消瘦而衰弱,腹部常增大,触诊时常可摸到肿大的肝脏。但也有营养良好的鸡,因内脏严重病变而突然死亡。

2. 成红细胞性白血病 此型较少见。自然感染病例通常见于3月龄以上的鸡。病鸡初期表现为全身衰弱,嗜睡,鸡冠稍苍白或发绀,随后出现消瘦、腹泻、毛囊出血。病程从几天至几个月不等。

3. 成髓细胞性白血病 本型极少自然发生,症状与成红细胞性白血病相似。

【病理变化】

1. 淋巴细胞性白血病 肿瘤主要见于肝、脾及法氏囊。肿瘤多呈结节状或弥漫性,呈灰白色至淡黄色,大小不一。肝脏肿大,为正常肝的数倍,外观稍呈灰白色,质地脆弱。脾脏肿瘤呈大理石状。

2. 成红细胞性白血病 增生性病鸡最具特征性的眼观变化是肝、脾，其次是肾的弥漫性肿大，呈樱桃红色至暗红色，柔软而易碎。骨髓极柔软或呈水样，为暗红色或樱桃红色。贫血性病鸡的内脏常萎缩，尤其是脾。血液呈水样，淡红色，凝固缓慢。

3. 成髓细胞性白血病 病毒主要侵害部位是骨髓。

【诊 断】 确诊本病主要采用病原学检查(病原分离和鉴定)及血清学检查。常用的血清学检查方法有补体结合试验、抵抗力诱发因子试验、表型混合试验及不产毒细胞活化试验等。

四十一、禽 痘

【病 原】 禽痘是由禽痘病毒引起的禽类的一种接触性传染病，通常分为皮肤型和白喉型。皮肤型特征性症状是皮肤尤其是头部皮肤产生痘疹，继而结痂、脱落；白喉型特征性症状为口腔或咽喉黏膜的纤维素性坏死性炎症，常形成假膜。皮肤型病例的死亡率较低，且易恢复。白喉型病例常因呼吸困难而窒息死亡，有较高的死亡率。

【流行病学特点】 禽痘主要发生于鸡、火鸡、鸭、鹅和一些鸟类中，家禽中以鸡的易感性最高，所有年龄、性别和品种的鸡均可感染，但以雏鸡和青年鸡最常发病。禽痘的传播常由健禽与病禽接触，脱落和碎散的痘痂散布在空气中，经损伤的皮肤和黏膜而感染。带毒的蚊子和体表的寄生虫叮咬也能传播本病。

本病以秋、冬两季最易流行，秋季(8～10 月份)多发生皮肤型鸡痘，冬季则以黏膜型鸡痘为主。鸡体表存在寄生虫、维生素缺乏、饲养环境恶劣及并发或继发其他疾病时，均能加重病情和引起病鸡死亡。

【临床症状】 本病潜伏期为 4～10 天。根据病毒侵害部位不同分为皮肤型、黏膜型、混合型，偶见败血型。

1. 皮肤型 以头部皮肤，或腿、翅、泄殖腔周围皮肤形成一种特殊的痘疹为特征。病初在病禽头部无毛部位，如冠、肉髯、眼皮、耳球及口角等处皮肤形成灰色小结节，迅速增大如豌豆大小的痘疹。痘疹结痂经 3～4 周后逐渐脱落，留下瘢痕。

病鸡一般无明显的全身症状，但病重的小鸡则有精神委靡、食欲消失、体重减轻等现象。产蛋鸡产蛋量减少。

2. 黏膜型 多发生于小鸡和青年鸡，病初呈鼻炎症状，在口腔、咽喉等处黏膜发生一种灰白色小结节，以后迅速增大并融合在一起，表面形成一层黄白色干酪样的假膜，假膜不易脱落，若撕去可露出出血的溃疡面。随后假膜逐渐扩大和增厚，堵塞在口腔和咽喉部位，引起病禽呼吸和吞咽困难。死亡率较高。

3. 混合型 是在皮肤和口腔黏膜同时发生病变。

【病理变化】 病理变化与临床症状相似，其他器官一般没有明显变化。有时口腔黏膜的病变可蔓延到气管、食道和肠。肠黏膜可能有小点状出血。肝、脾和肾常肿大。

应注意白喉型假膜与传染性喉气管炎假膜的区别。白喉型的假膜形成是由黏膜表面隆起而逐渐变为假膜，假膜与黏膜紧密相连，剥离困难，剥离后其下部出现溃疡面。传染性喉气管炎的假膜是由黏膜的分泌物形成，同黏膜面没有紧密连接，容易剥离，剥离后下部黏膜正常。

【诊　断】 确诊本病常采用病原检查和血清学检查。常用的血清学检查方法有琼脂扩散试验、红细胞凝集抑制试验等。

四十二、鸭　瘟

【病　原】 鸭瘟又名鸭病毒性肠炎，俗称“大头瘟”，是由鸭瘟病毒引起的鸭的一种急性败血性传染病。病的特征是发热、软肢、下痢、流泪，部分病鸭头部肿大，食道和泄殖腔黏膜有坏死性假膜或溃疡，肝有小点出血和坏死。

【流行病学特点】 任何品种、年龄的鸭均可感染鸭瘟，以番鸭和麻鸭易感。鹅有时会发病,但其他家禽如鸡、鸽等都不会感染。病鸭和带毒鸭是传染源,它们的排泄物通过污染环境而间接传播。易感鸭和病鸭的接触可引起本病的发生和传播,消化道是主要传染途径。交配和呼吸道也可传染,吸血昆虫可能是传播媒介。常年发生,春夏之交和秋季流行严重。

发病初期,病鸭精神沉郁,头颈缩起,体温升高,食欲减少或消失,饮水量增加。羽毛松乱,离群独处。

【临床症状】 典型症状是神经麻痹导致两翅下垂,两腿无力,行走困难,卧地不起。流泪、眼睑水肿,分泌脓性渗出物使眼睑粘着,严重者眼睑黏膜有小点出血或溃疡。部分病例头颈水肿(大头瘟),呼吸困难,叫声嘶哑,严重下痢,排绿色或白色稀便,泄殖腔充血,水肿外翻,甚至有黄绿色假膜。

【病理变化】 皮肤有出血斑点,头颈皮下胶样浸润,口腔和喉头有不易剥离的假膜。最典型的是食管黏膜有纵行排列的灰黄色假膜覆盖或小出血斑点。肠黏膜出血、充血,以十二指肠和直肠为重,泄殖腔黏膜坏死、结痂,产蛋鸭卵泡增大、破裂引起腹膜炎。肝不肿大,表面和切面均可看到针尖大至小米粒大的灰白色坏死小点。胆囊黏膜充血、溃疡。有些病例脾有坏死点。肾肿大,有小点出血。

【诊　断】 确诊本病常采用病毒分离和中和试验。

【检疫处理】 病变严重者作工业用或销毁,轻者高温处理后出场。

四十三、鸭病毒性肝炎

【病　原】 鸭病毒性肝炎是由鸭肝炎病毒引起的雏鸭的一种急性接触性传染病,其主要特征是肝脏肿大并有出血斑点。本病传播迅速,具有高度致死性。

【流行病学特点】 目前,本病主要有 3 种类型,即 1 型鸭病毒性肝炎、2 型鸭病毒性肝炎、3 型鸭病毒性肝炎。一般所谓的鸭病毒性肝炎就是指的 1 型鸭病毒性肝炎，它在世界上广泛流行，引起 6 周龄内的雏鸭发病，成年鸭不感染。

本病多发生在 6 周龄以下雏鸭，尤其是 1～3 周龄及以下雏鸭最易感，日龄越小易感性越大，死亡率可高达 90％以上；日龄越大，易感性和死亡率却逐渐降低，成年鸭可感染而不发病，体内带毒成为传染源，通过粪便向外排毒，造成病毒传播。

本病主要发生于孵化雏鸭的季节，在雏鸭群中迅速传播，传播途径主要是消化道和呼吸道。饲养管理不良、缺乏维生素和矿物质，鸭舍潮湿、拥挤均可诱使本病发生。

【临床症状】 本病潜伏期多为 1～4 天，常突然发病，在发病后的 3～4 天内死亡。雏鸭发病时表现为精神委顿，食欲废绝，不能随群走动，眼半闭呈昏迷状态。有的出现腹泻，粪便稀薄带绿色。不久后病鸭出现神经症状，共济失调，身体倒向一侧或背部着地，两腿发生痉挛，数小时后死亡。死前头向后弯，呈角弓反张姿态。

本病死亡率因年龄差异而有所不同，1 周龄以内的雏鸭可高达 95％，1～3 周龄的雏鸭为 50％或更低，4～5 周龄的幼鸭基本不死亡。

【病理变化】 特征性病变在肝脏，表现为肝肿大，质地柔软，外观呈淡红色或花斑状，表面有出血点或出血斑。胆囊肿大，充满胆汁。脾脏有时肿大，外观也有花斑。多数鸭肾脏充血、肿胀。其他器官没有明显变化。

【诊　断】 确诊本病常采用病原学检查和血清学检查。病原学检查主要是病毒分离和鉴定；血清学方法主要有微量血清中和试验、琼脂免疫扩散试验等。

四十四、小鹅瘟

【病　原】 小鹅瘟是由细小病毒属小鹅瘟病毒引起的鹅的一种急性或亚急性传染病，呈败血症状，主要侵害出壳后4～20天的雏鹅。特点是严重下痢和神经症状，传染快，死亡率高。成年鹅的感染是无症状的，但可能经卵将疾病传至下一代。

【流行病学特点】 小鹅瘟在自然条件下只引起雏鹅发病，病死率随着雏鹅日龄增加而降低，成年鹅感染后无症状，但可经卵传给后代。雏鸡和雏鸭不感染。种蛋可能是传染源，造成孵化传染。消化道是主要传染途径。小鹅瘟一年四季均可发生，但其暴发流行有周期性，大流行后2年内本病较平息。

【临床症状】 临床上有最急性型、急性型和亚急性型3种类型。其症状和病程长短与雏鹅日龄有关，3～5日龄雏鹅多为最急性型，无前驱症状，一旦发现即呈衰弱，或倒地乱划，不久后死亡。6～15日龄多为急性型，表现精神委顿、排灰白色或淡黄色稀便并混有气泡，流浆液性鼻液，喙端暗红，两腿麻痹或抽搐，1～2天死亡。15日龄以上呈现亚急性，以委顿、消瘦、腹泻为主要症状，幸存者生长不良。

【病理变化】 急性型和亚急性型病例的典型病变特征是小肠表现急性卡他性纤维素性坏死性肠炎，成片的肠黏膜坏死脱落，与渗出物凝固成2～5厘米长的栓子，堵塞小肠中下段肠腔，外观膨大，质地硬实，状如香肠。栓子中心为深褐色干燥的肠内容物，表面有一层假膜，肠壁菲薄，内壁平整，不形成溃疡。部分病例不形成栓子，只见纤维素凝块附着在肠壁上。此外，心脏有明显的急性心力衰竭变化，心脏变圆，心肌晦暗无光泽，呈苍白色。15日龄左右的急性病例，病变最典型，表现全身性败血变化。

【诊　断】 确诊本病常采用病毒分离、鉴定和血清学方法，如琼脂扩散试验、中和试验、反向间接血凝抑制试验和直接荧光抗体检查等。

【检疫处理】 检疫中如果检出 3～5 日龄雏鹅发病，应立即停止孵化，紧急彻底消毒孵坊、育雏房和所有工具后才能再进行孵化。入孵种蛋最好用甲醛溶液熏蒸消毒。在鹅场发现小鹅瘟时，应及时隔离治疗病鹅，彻底消毒被污染环境。

四十五、禽霍乱

【病　原】 禽霍乱又叫禽巴氏杆菌病或禽出血性败血症，是由多杀性巴氏杆菌引起的鸡、鸭、鹅和火鸡等的一种急性败血性传染病。急性型特征为突然发病、下痢，呈现急性败血症状，发病率和死亡率均高。慢性型病例肉髯水肿，关节发炎。

【流行病学特点】 各种家禽和野禽对禽霍乱均易感，鸡、鸭最易感。病禽与带菌禽是传染源，病禽的排泄物和分泌物含有大量病菌，可通过污染饲料、饮水、场地和用具等传播本病。消化道是主要感染途径，呼吸道和损伤的皮肤也可感染。环境因素的变化是发病极为重要的诱因。本病多发于肥壮的成年鸡、鸭。禽霍乱常为散发性，间或呈流行性。夏季少发。

【临床症状】 分为最急性型、急性型和慢性型 3 种类型。

1. 最急性型 见于流行初期，肥壮高产家禽常突然不安、倒地、翅膀扑动几下即死亡，或死在窝里。种鸡群中公鸡的死亡率高于母鸡，病程为几小时。

2. 急性型 除表现精神沉郁、食欲不振、羽毛松乱、嗜睡外，还表现剧烈腹泻，排灰黄色、灰白色或绿色稀便。冠髯青紫，呼吸困难，昏迷或痉挛死亡，病程为 1～3 天。

3. 慢性型 多发于流行后期，以慢性肺炎、慢性呼吸道炎症和慢性胃肠炎较多见。流鼻液，消瘦，冠髯水肿，关节炎，跛行，病程可达数周。

【病理变化】 最急性者有时只见心外膜有少许小点出血，其他病理变化不明显。

急性型在皮下、呼吸道、胃肠黏膜、腹腔浆膜和脂肪有小点出血。小肠前段有出血性纤维素性肠炎。肝肿大，质地变脆，表面有许多小出血点和灰白色小点坏死。心肌和心内、外膜有出血，心囊有积液。

慢性型在上呼吸道积有黏液，公鸡肉髯水肿，内有干酪样物。关节肿大，关节腔积有灰黄色干酪样物。鸭的病变更为明显。

【诊　断】 确诊本病常采用细菌学检查和琼脂扩散试验。

四十六、鸡 白 痢

【病　原】 鸡白痢是由鸡白痢沙门氏菌引起的雏鸡常见的一种急性、败血性或慢性、隐性感染的传染病。本病表现为厌食、嗜睡、下痢和心肌、肝、肺等器官有坏死性结节。

【流行病学特点】 各种品种的鸡对本病均有易感性，但有差异，一般情况下褐羽鸡种比白羽鸡种敏感。以 2～3 周龄雏鸡的发病率与病死率为最高，呈流行性。病鸡和带菌鸡是主要的传染源。鸡白痢传播方式较多，除通过消化道传染外，还可通过呼吸道、眼结膜、交配传染，本病最主要的传播方式是通过带菌卵垂直传播。成年鸡多为隐性感染。

鸡群过度拥挤，环境潮湿，育雏舍温度过高或过低、通风不良，运输以及缺乏适宜的饲料等都是诱发本病流行的重要因素。一个鸡场一旦传入本病，将会在鸡群中长期蔓延，难以根除。

【临床症状】 本病在雏鸡和成年鸡中所表现的症状和经过有显著的差异。

1. 雏鸡 出壳后感染的雏鸡，多在孵出后几天才出现明显症状。7～10 天后雏鸡群内病雏逐渐增多，第二、第三周达到高峰，表现为精神委顿，绒毛松乱，两翼下垂，缩头颈，闭眼昏睡，不愿走动，拥挤在一起。食欲减少至停食，多数出现软嗉囊症状。腹泻，排稀薄如糨糊状粪便，有的因粪便干结封住肛门，不能排便。急性病鸡不发生下痢就可能死亡，耐过病雏发育迟缓。有的雏鸡出现关节肿胀、跛行，有的出现肺结节、呼吸困难。

2. 成年鸡 成年鸡感染常无临床症状，而成为带菌鸡。母鸡产蛋量与受精率降低。有的感染鸡因卵黄囊破裂引起腹膜炎，而呈现“垂腹”现象。

【病理变化】 幼雏病亡后只见肝肿大、充血或有出血，胆囊充盈胆汁。病程稍长的病雏卵黄吸收不全，其内容物呈油脂状或豆腐渣样。肝、脾、心、肺和肌胃等脏器上可见到数量不一的灰白色坏死结节，盲肠有干酪样物堵塞，有时脾肿大。

育成鸡除实质器官有肉芽肿结节外，还常见肝肿大破裂，腹腔内积有大量血水或血凝块。

成年母鸡呈慢性经过。最典型的病变是卵巢上卵泡变形、变色，晦暗无光，卵子内容物干涸呈干酪样，时有卵泡破裂引起卵黄性腹膜炎，或有卵黄堵塞输卵管。常有心包炎，心包囊积液。公鸡表现睾丸炎，有小脓肿。

【诊 断】 确诊本病常采用细菌学检查、全血或血清平板凝集试验等方法。

【检疫处理】 检出的病鸡病变仅限于内脏者，内脏作工业用或销毁，肉尸经高温处理后出场；胸、腹腔出血及有胸、腹膜炎者，肉尸作工业用或销毁。

四十七、鸡败血支原体病

【病 原】 鸡败血支原体病是由鸡败血支原体引起鸡的一种接触传染性慢性呼吸道病，其特征是咳嗽、流鼻液和呼吸时发出啰音。本病发展缓慢，病程很长，有的呈现隐性感染，在鸡群中可长期蔓延。

【流行病学特点】 各种年龄的鸡和火鸡均能感染，以 4～8 周龄雏鸡和纯种鸡最易感,发病率和死亡率都比成年鸡高。病鸡和隐性感染的鸡是主要的传染源。其传播方式有两种,一种是通过带菌种蛋垂直传播;另一种是通过带菌鸡咳嗽、打喷嚏的飞沫传播,或通过污染的器具、饲料、饮水等媒介传播。

本病一年四季都可发生,但以寒冷的冬、春季多发。在大群饲养的雏鸡群中最易发生流行,而成年鸡则多表现散发。

【临床症状】 本病病程较长,病鸡主要表现为脸肿、眶下窦炎,在眶下窦处可形成大的硬结节。眼流泪,有泡沫样液体,眼内有干酪样渗出物,打喷嚏,咳嗽,呼吸困难,有啰音。若无并发症,典型症状表现为上呼吸道及其相邻黏膜发炎,出现浆液性或浆液-黏液性鼻液,初为透明水样,后变得较浓稠,同时出现窦炎、结膜炎和气囊炎,多发生于4~8周龄雏鸡。急性病鸡粪便常呈绿色。

产蛋鸡感染后呼吸症状一般不显著,只表现产蛋量和孵化率低,刚出雏的小鸡生命力降低。成年鸡感染很少死亡,仔鸡感染如无并发症,病死率也低,并发感染的病死率可达30%。

【病理变化】 鼻腔、气管、气囊和窦等黏膜水肿、充血,表面有许多黏液和炎性渗出物的凝块,外观呈念珠状。肺充血、水肿,有不同程度的肺炎变化。病程较长的病鸡,可见鼻窦、眶下窦和眼结膜囊内积蓄有干酪样物质。有的病鸡可发生纤维蛋白性或化脓性心包炎、肝被膜炎。产蛋鸡还可见到输卵管炎。

【诊　断】 确诊本病常采用病原体的分离鉴定和血清学方法。血清学方法通常用快速血清凝集试验、血凝抑制试验等。

四十八、鸡球虫病

【病　原】 鸡球虫病是由球虫寄生而引起的一种对养鸡业危害十分严重的寄生虫病,各地普遍发生,2月龄内的雏鸡死亡率可高达80%。病愈的鸡肠壁变性增厚,长期不能复原,严重影响营养和维生素的吸收,生长发育严重受阻。病鸡表现为消瘦、贫血和血痢。

【流行病学特点】 各种品种的鸡均有易感性，雏鸡对本病最易感，危害性最大，以15～50日龄的雏鸡发病率和死亡率最高。成年鸡几乎不发病，但多为带虫者，成为病原的源泉。鸡感染球虫的途径和方式主要是通过啄食感染性卵囊而引起。

本病呈地方性流行，发病有一定的季节性，多发生于多雨潮湿的5～8月份。饲养管理不当是本病流行的重要诱因。

【临床症状】 1月龄左右的鸡多感染盲肠球虫，2月龄左右的鸡多感染小肠球虫。盲肠球虫主要引起出血性肠炎，病鸡表现为精神不振、羽毛松乱、头蜷缩、排血便、食欲废绝，3～5天内死亡。小肠球虫主要侵害小肠中段，引起出血性肠炎。病鸡表现为精神委靡，排出大量黏液样棕褐色粪便，3～5天内死亡。

慢性者多见于1～3月龄的雏鸡或成年鸡，症状和以上相似，但不明显，病期较长。病鸡逐渐消瘦，产卵量减少，有间歇性腹泻，很少死亡。

【病理变化】 内脏变化主要发生在肠管，病变部位和程度与球虫的种别有关。

盲肠球虫病鸡主要表现为盲肠肿大，内充满凝固或新鲜暗红色血液。盲肠黏膜有出血斑和坏死点(灶)。产蛋鸡吃了被污染的饲料，可引起盲肠出血、肿大，有小球虫结节。小肠球虫病鸡主要表现为肠管肿胀，呈暗红色，内充满血液或血样凝块，黏膜面有大量出血点。小肠增厚、苍白，失去弹性。

慢性球虫病主要表现为肠壁炎性肥厚，呈苍白色，失去弹性。

【诊　断】 确诊本病常采用直接涂片镜检法和饱和盐水漂浮法。

四十九、兔病毒性出血病

【病　原】 兔病毒性出血症又名兔瘟，是由兔病毒性出血症病毒所致的兔的一种急性、败血性、高度接触性、致死性传染病，以全身实质器官出血为主要特征。本病传染性极强，发病率和死亡率极高。

【流行病学特点】 本病仅兔易感发病，自然感染只发生于家兔，易感性与品种、性别关系不大，2 月龄以下仔兔在自然感染下一般不发病。病兔、死兔和带毒兔是主要的传染源。含有病毒的内脏、肌肉、毛皮、分泌物及排泄物可通过直接或间接的方式传播本病，其中通过污染的饲料、饮水和接触污染用具是主要的传播方式。消化道、呼吸道和皮肤等是病毒的主要传播途径。3 个月以上的兔发病率和死亡率最高，达 90%以上。常年发生，但在秋、冬、春三季低温时节多发。

【临床症状】 临床上分为最急性型、急性型和慢性型 3 种类型。

最急性型多见于发病初期，常发生在夜间，病兔不见任何临床症状，突然尖叫，抽搐死亡。

急性型呈现拒食，高热达 41℃以上，呼吸急促，死前兴奋、狂奔、倒地四肢做游泳状划动、头颈后仰、抽搐尖叫、不时挣扎，最终四肢僵硬而死亡。部分病兔鼻孔流血，肛门松弛，肛周被毛有黄色粪污。

慢性型见于 3 月龄以下病兔，体温达 41℃左右，主要是鼻流黏性或脓性分泌物，少食，消瘦，衰竭死亡，但多数可耐过而存活。

【病理变化】 病变以实质器官淤血、出血为主要特征，典型病变是呼吸道、肝、脾、肾淤血和出血。气管黏膜充血或有弥漫性点状出血，故有“红气管”之称。气管内常充满白色或浅红色泡沫和凝血块。肺脏肿胀，有大小不等的血斑。肝脏肿大，呈土黄色或淡黄色，质脆，有的肝表面有灰白色、散在性坏死小点。脾脏淤血、肿大。肾脏淤血，呈暗红色。心脏扩张淤血，心内、外膜有出血点。肠系膜淋巴结、腘淋巴结多数肿大、出血。

【诊　断】 确诊本病常采用病原学检查和血清学检查。常用的血清学方法有微量红细胞凝集试验和血凝抑制试验、琼脂扩散试验等。

【检疫处理】 一旦检出本病，必须要对发生本病的兔场或地区做出严格的隔离、消毒措施。对检验阳性反应和患病的动物，要采取严格的无害化扑杀、销毁处理。

五十、兔黏液瘤病

【病　原】 兔黏液瘤病是由黏液瘤病毒引起的兔的一种高度接触性、高度致死性传染病，其特征为全身皮下尤其是颜面部和天然孔周围皮下发生黏液瘤性肿胀。

本病宿主有高度的特异性，只发生于家兔和野兔，其他动物不易感。自然情况下黏液瘤病的传播主要是通过吸血昆虫，如蚊子、跳蚤等媒介动物的口器机械传递的。传染源是病兔和带毒兔，它们可通过眼、鼻分泌物或正在渗出的皮肤液向外排毒进行传播。

兔黏液瘤病主要发生于潮湿凉爽的初夏，此时媒介昆虫有良好的繁殖条件，病毒能较长时间保持活力。

【临床症状】 兔感染病毒后，局部皮肤出现原发性肿瘤结节，随后病毒散布到全身各处，全身各处皮肤上出现次发性肿瘤结节，但较原发性肿瘤小，数量多。此时，兔的口、鼻、眼睑、耳根、肛门及外生殖器均明显充血和水肿，继发细菌感染，眼、鼻分泌物由黏液性变为脓性，头部呈狮子头状外观，呼吸困难。10 天左右病变部位变性、出血、坏死，多数惊厥死亡。

【病理变化】 眼观最明显的变化是皮肤上特征性的肿瘤结节和皮下胶冻样浸润，颜面部和全身天然孔皮下出血、水肿，脓性结膜炎和鼻液。淋巴结肿大、出血，肺肿大、充血，胃肠浆膜下、胸腺、心内外膜可能有出血点。

【诊　断】 确诊本病常采用病原学检查和血清学方法。常用的血清学方法有琼脂免疫扩散试验、补体结合试验、血清中和试验、免疫荧光抗体试验、酶联免疫吸附试验等。

【检疫处理】 一旦检出本病，必须对发生本病的兔场或地区做出严格的隔离、消毒措施。

五十一、野兔热

【病　原】 野兔热又称土拉杆菌病，是由土拉热弗朗西斯菌引起的一种主要感染野生啮齿动物并可传染给家畜和人类的自然疫源性疾病。其特征为体温升高、淋巴结肿大、脾和其他内脏点状坏死变化。

【流行病学特点】 本病的易感动物十分广泛，野兔和其他啮齿动物是本菌的自然储存宿主，家畜、家禽都易感染发病，人因食用未经处理的病肉或接触污染源而感染发病。本病的传播媒介是吸血昆虫，主要有蜱、螨、牛虻、蚊、蝇类、虱等，通过叮咬的方式将致病病原体从患病动物传给健康动物，被污染的饮水、饲料也是重要的传染源。家畜发病病例较少，肉用动物中，绵羊，尤其羔羊发病较为严重，损失较大。

本病一年四季均可流行，一般多见于春末、夏初季节。

【临床症状】 潜伏期一般多为3天。一些病例常不表现明显症状而迅速死亡，大部分病例病程较长，呈现极度沉郁，高度消瘦和衰竭，体表淋巴结(颌下、颈下、腋下和腹股沟等淋巴结)肿大，常发生鼻炎，体温升高1℃～1.5℃。

【病理变化】 剖检可见因急性野兔热死亡的病兔躯体状况良好，可见败血症状，尸僵不全，血液凝固不良。淋巴结肿大、出血、坏死，表面呈紫黑色。腹腔大量积液，胃肠出血，肝、脾、肾等内脏器官受侵害而充血、肿大，有时形成点状白色坏死灶。肺脏充血，有肝变。

【诊　断】 确诊本病常采用细菌学检查、变态反应及血清学检查等方法。常用的血清学检查方法有凝集反应、血凝抑制试验、荧光抗体试验、酶联免疫吸附试验及毛细管沉淀试验等，酶联免疫吸附试验可用于早期诊断，荧光抗体试验及毛细管沉淀试验等可用于检测病理样品。

【检疫处理】 一旦检出本病，必须对发生本病的兔场或地区做出严格的隔离、消毒措施。

五十二、兔球虫病

【病　原】 兔球虫病是由球虫寄生而引起的兔的一种流行性疾病。由于球虫的种类和寄生部位不同，可分为肝球虫病和肠球虫病，但混合感染最为常见。人也可感染。特征是消瘦、贫血和血痢。

【流行病学特点】 各种品种的家兔对球虫都有易感性，断奶后至12周龄的幼兔感染最严重，死亡率最高，危害最大；成年兔发病轻微。感染途径多是由于经口吞食成熟卵囊引起的。营养不良、兔舍卫生条件恶劣所造成的饲料与饮水遭受兔粪污染等，最易促成本病的发生和传播。成年兔多为带虫者，在幼兔球虫病的感染上起着重要作用。

本病呈地方性流行，有一定季节性，多发生于多雨潮湿的5～8月份。

【临床症状】 根据球虫寄生的部位，可分为肠型、肝型和混合型3种类型，常见的为混合型球虫病。症状与感染的球虫种类、数量和兔的抵抗力有关。

病兔食欲减退或废绝，精神不振，伏卧不动，两眼无神，眼、鼻分泌物增多，贫血，腹泻，幼兔生长停滞。有时出现鼻炎、结膜炎等症状。死亡率一般在50%～60%，有时可达80%以上。病程10余日至数周。病兔被不同的球虫侵害所表现的症状有所差异，肠型球虫病病兔主要发生腹泻。肝型球虫病病兔肝脏肿大，触诊肝部有痛感，黏膜黄染，末期有神经症状，四肢痉挛或麻痹，极度衰竭而死，死亡率很高。耐过者长期消瘦，发育不良。

【病理变化】 肠型球虫病病兔肠壁血管充血，肠臌气，肠内有大量黏液，肠黏膜充血、出血、肥厚或有结节和化脓灶。

肝型球虫病病兔肝脏肿大，表面及实质有圆形黄白色的小病灶，病灶内含有大量球虫。慢性者，胆管周围及肝小叶结缔组织增生，肝细胞萎缩，胆囊发炎，胆汁浓稠。

【诊　断】 确诊本病常采用直接涂片镜检法和饱和盐水漂浮法。

【检疫处理】 检出的病兔，其有病变的肝和肠作工业用或销毁，其余不受限制出场。

第三节　三类动物疫病的检疫

一、黑腿病

【病　原】 黑腿病又称气肿疽，是由气肿疽梭菌引起的反刍动物的急性败血性传染病，以肌肉肿胀、组织坏死和产气为特征。本病不直接传播，呈散发或地方流行性。

【流行病学特点】 本病主要侵害牛，黄牛最易感，水牛、奶牛的易感性较低，绵羊、山羊及鹿也偶有发生。马、骡、驴、犬、猫不感染，人对本病有抵抗力。病牛是本病的主要传染源，但不是由病畜直接或以媒介物传给健康家畜，而是动物体中的病原体污染土壤，被这种土壤污染的饲料或饮水经口进入畜体，可由口腔和咽喉创伤侵入组织，也可由松弛或微伤的胃肠黏膜侵入血流。绵羊则为多创伤感染。

【临床症状】 本病多发生在潮湿的山谷牧场及低湿的沼泽地区，夏季多发。舍饲牲畜则因饲喂了疫区的饲料而发病，黄牛多呈急性经过，潜伏期3～5天。病初病牛体温升高，精神委顿，食欲和反刍减少或停止，出现跛行。同时，可见腿上部、臀部、腰部、荐部、肩部、颈部及胸部等多肌肉部位出现明显的气性炎性肿胀，触诊患部有捻发音。初期肿胀为局限性并有痛感，但迅速呈弥漫性扩大，中心部发生坏死，患部变冷无痛，皮肤干燥变色。此外，局部淋巴结肿大、坚硬。随着病情发展，病牛精神高度沉郁，拒食，反刍废止，垂头呆立或倒卧不起，四肢伸直，腹部臌胀，呼吸促迫，黏膜发绀。此时患部皮肤干硬呈紫黑色，触诊硬固，叩诊可产生鼓音。最后病牛体温下降，呼吸困难，因心力衰竭而死亡。一般病牛经30～48 小时死亡。老龄牛患病，其病势常较轻。

绵羊多为创伤感染，即感染部位肿胀。非创伤感染病例与病牛症状相似，即体温升高，食欲不振，跛行，患部发生肿胀，触之有捻发音。皮肤呈蓝红色至黑色，常在 1～3 天内死亡。

死于气肿疽的病牛，因皮下结缔组织气肿及瘤胃臌胀，尸体显著膨胀。由鼻孔流出血样泡沫，肛门及阴道口也有血样液体流出。结膜常可见出血斑。

【病理变化】 特征性病理变化是在多肌肉部位，如臀、腰、肩、颈、胸等发生特征性肿胀，捻发音肿胀可从患部肌肉扩散至邻近的广大面积，但也有只限于身体任何部位的骨骼肌。患部皮肤正常或表现部分坏死。皮下组织呈红色或金黄色胶样浸润，有的部位杂有出血和小气泡。肿胀部的肌肉潮湿或特殊干燥，呈海绵状，有刺激性酪酸样气味，触之有捻发音，切面呈一致的污棕色，或有灰红色、淡黄色和黑色条纹。

如果病程较长，患部肌肉组织坏死性病变明显。这种捻发音性肿胀，也可偶见于舌肌、喉肌、咽肌、膈肌和肋间肌等。胸、腹腔常有微红色至暗红色浆液。心包液暗红而增多，心内、外膜有出血斑，心肌变性，色淡而脆。病灶局部淋巴结显著肿胀和出血性浆液性浸润。脾常无变化。肝切面有大小不等的棕色干燥病灶，这种病灶死后仍继续扩大，形成多孔的海绵状态。

【诊　断】确诊本病主要用病原学检查，如细菌学检查、病原分离及鉴定等，也可用血清学方法，如沉淀反应进行确诊。

二、李氏杆菌病

【病　原】李氏杆菌病是由单核细胞李氏杆菌引起的一种散发性传染病，家畜主要表现脑膜脑炎、败血症和妊娠母畜流产，家禽和啮齿动物则表现坏死性肝炎和心肌炎。

【流行病学特点】自然发病在家畜中以绵羊、猪、家兔较多，家禽中以鸡、火鸡、鹅较多。各种年龄的动物都可感染，幼龄易感。患病动物和带菌动物是本病的传染源。本病为散发性，一般只有少数动物发病，但病死率较高。

【临床症状】

1. 反刍兽　原发性败血症主要见于幼畜，表现精神沉郁，呆立，低头垂耳，轻热，流涎，流泪，不听驱使。脑膜脑炎发生于较大的动物，表现头颈一侧性麻痹，弯向对侧，该侧耳下垂，眼半闭，以至视力丧失。沿头方向旋转或做圆圈运动，颈项强硬，有的呈角弓反张。

2. 猪　病初意识障碍，运动失常，做圆圈运动，或无目的地行走，或不自主地后退，或以头抵地不动。有的角弓反张，呈典型的观星姿势。颈部和颊部肌肉震颤、强硬。较大的猪身体摇摆，共济失调。仔猪多发生败血症，体温显著上升，精神高度沉郁，表现全身衰弱、僵硬、咳嗽、腹泻、皮疹、呼吸困难、耳部和腹部皮肤发绀。

3. 兔　常急速死亡。有的表现精神委顿，独蹲一隅，不走动。口流白沫，神志不清。神经症状呈间歇性发作，发作时无目的地向前冲撞，或做转圈运动。最后倒地，头后仰，抽搐，以至于死亡。

4. 家禽　主要表现败血症症状，病禽精神沉郁、停食、腹泻，于短时间内死亡，病程较长的可能表现痉挛、斜颈等神经症状。

【病理变化】有神经症状的病畜，脑膜和脑可能有充血、炎症或水肿变化，脑脊液增加、稍浑浊，肝可能有小炎灶或小坏死灶。败血症的病畜，有败血症变化，肝脏有坏死。家禽心肌和肝脏有小坏死灶或广泛性坏死，脾可能肿大，前胃有淤斑。家兔和其他啮齿动物肝有坏死灶。流产的母畜可见到子宫内膜充血以至广泛性坏死，胎盘子叶常见有出血和坏死。

【诊　断】 确诊本病主要采用涂片镜检、凝集试验、补体结合试验等方法。

【检疫处理】 对检出的病畜，将头和患病器官销毁，肉尸高温处理后出场。如肉尸瘠瘦，或全身病变严重者，肉尸和内脏全部作工业用或销毁。

因本病病原菌能通过健康皮肤而感染人，如有接触，必须做好个人防护。

三、类鼻疽

【病　原】 类鼻疽又称伪鼻疽，是由类鼻疽杆菌引起的一种人兽共患传染病。感染动物和人的症状与鼻疽相似，在临床上多无特异性体征。

【流行病学特点】 本病主要发生于马、骡，其他动物如绵羊、山羊、牛、猪等也有易感性。病畜和带菌动物是传染源，病菌可随感染动物而扩散，污染环境。家畜主要由于采食被患病啮齿动物和其他动物污染的水、饲料，经消化道感染，也可经创伤的皮肤、呼吸道等而感染。病原主要存在于热带地区的水和土壤中，是一种常在菌。

【临床症状】 病畜缺乏特殊的临床症状。

1. 猪 表现厌食，发热，呼吸加快，咳嗽，运动失调，鼻、眼流出脓性分泌物，关节肿胀，睾丸肿大。成年猪一般多取慢性经过，在屠宰后方被发现。

2. 羊 表现为发热，咳嗽，呼吸困难，眼和鼻有黏稠分泌物，跛行。有的出现神经症状,后躯麻痹。

3. 马 病马多呈慢性或隐性感染,常见肠炎、肺炎和脑炎等多种症状。急性经过时,表现高热,食欲废绝,呼吸困难,出现腹痛及虚脱,发生败血症而死亡。慢性型表现为食欲减退、运动障碍、咳嗽、鼻黏膜出现结节和溃疡,逐渐消瘦。

【病理变化】 剖检时可见肺、肝、脾及胸腔淋巴结出现化脓灶,慢性病例在鼻腔、咽喉头或气管黏膜有炎症。

1. 猪 肺脏最常受损,表现结节性脓性或坚实性肺炎;肝、脾也见散在结节,被膜良好,内含浓稠的干酪样物质;淋巴结见单一的结节;肾、睾丸有时亦被侵害。

2. 羊 常见关节受损和脏器、淋巴结发生脓肿或结节,以肺脏最为多见。

3. 马 主要病变局限在肺脏,以形成结节、脓肿和发生急性肺炎为特征,有少数病例可在鼻腔、脾脏出现结节和脓肿。

4. 人 患病后,急性型出现急性败血症症状,慢性型在皮肤、皮下或内脏发生脓肿。

【诊　断】 确诊本病主要采用细菌学(涂片镜检)和血清学诊断(间接血凝试验、补体结合试验和变态反应)。

【检疫处理】 检出的阳性动物必须扑杀、销毁处理,同群动物隔离观察。

四、放线菌病

【病　原】 放线菌病是由放线菌引起的牛、猪、马等动物的一种多菌性、非接触性、慢性传染病,以牛最为常见,人亦能感染。其特征为头、颈、颌下和舌的放线菌肿。牛常发生头骨疏松性骨炎;猪常发生乳房、扁桃体和下颌骨的肿胀;马常发生精索的增生肿胀。

【流行病学特点】 本病主要侵害牛,以2～5岁的幼龄牛最易患病,尤其是换牙期多发。自然情况下能使绵羊、山羊甚至马患病,猪很少感染。人也可感染本病。患病动物和带菌动物是本病的主要传染源。放线菌的病原体存在于污染的土壤、饲料和饮水中,一般寄生于动物口腔和上呼吸道中。当口腔黏膜被带刺的饲料,如芒刺、麦秆或硬茎等损伤时,该菌便从此处侵入,或者通过皮肤的创伤口感染。本病一年四季均可发病,常呈散发性。

【临床症状】 牛常见上、下颌骨肿大,界限明显,肿胀进展缓慢,一般经过6~18个月才出现一个小而坚实的硬块,但发展快时,可牵连整个头骨。本病在头、颈、颌部组织也常发生硬结。舌和咽部组织变硬时,称为"木舌病",可导致咀嚼、吞咽、呼吸困难。发病初期肿胀部有痛感,晚期失去知觉。有时肿胀部皮肤化脓破溃,流出脓液,形成瘘管,经久不愈。

猪患本病时,乳头基部发生硬块,渐渐蔓延到乳头,引起乳房畸形,多系由于小猪牙齿咬伤而感染。

马患病主要发生于精索,呈现硬实有痛觉的硬结。

【病理变化】 由于放线菌病主要病理过程的性质不同,表现出的病型也有所不一,或为渗出-化脓性,或为增生性。在受害器官的个别部分,有扁豆粒至豌豆粒大的结节样生成物,这些小结节集聚形成大结节,最后变为脓肿。切开脓肿,内含有乳黄色脓液,其中有放线菌。当放线菌侵入骨髓时,骨髓逐渐肿大,状似蜂窝。也可发现有瘘管通过皮肤或引流至口腔,在口腔黏膜上有时可见溃烂或呈蘑菇状的生成物。

【诊 断】 放线菌病的临床症状和病理变化比较特殊,易诊断。为了确诊,可取脓液少许,用水稀释,找出硫黄样颗粒,在水内洗净,置于载玻片上加1滴15%氢氧化钠或氢氧化钾溶液,覆以盖玻片用力挤压,置于显微镜下观察,可见有呈放射状排列,周围具有菌鞘的放射状菌丝,即可确诊。

五、肝片吸虫病

【病　原】 肝片吸虫病是由肝片形吸虫和大片形吸虫寄生于黄牛、水牛、绵羊、山羊、鹿和骆驼等反刍动物的肝脏、胆管中所引起的寄生虫病。表现为急性和慢性肝炎和胆管炎，并发全身性中毒现象和营养障碍。

【流行病学特点】 本病的流行与病原体、中间宿主和终末宿主间有着密切的关系，也和外界环境与寄生虫及宿主之间密切相关。本病呈地方性流行，多发生在低洼和沼泽地带的放牧地区。本病的流行感染多在每年的夏、秋两季。

【临床症状】

1. 羊　绵羊最敏感，最常发生，死亡率也高。

(1)急性型　病势猛，可使病羊突然倒毙。病初表现体温升高、精神沉郁、食欲减少或不食、腹胀，很快出现贫血，黏膜苍白。严重者多在几天内死亡。

(2)慢性型　较多见。是由寄生在胆管中的成虫引起的。病羊逐渐消瘦，黏膜苍白，贫血，被毛粗乱，眼睑、颌下、胸腹下部出现水肿。食欲减退，便秘与腹泻交替发生。一般无黄疸。

2. 牛　多呈慢性经过。犊牛症状明显，成年牛一般不明显。病牛逐渐消瘦，被毛粗乱、易脱落，食欲减少，反刍不正常，出现周期性瘤胃臌胀或前胃弛缓，腹泻，行动缓慢，黏膜苍白。后期下颌、胸下水肿，触诊有波动感或捏面团样感觉，但无痛热。高度贫血。母牛不孕或流产，公牛生殖力降低。

【病理变化】 肝脏肿大，肝被膜上有纤维素沉积、出血，腹腔内有带血色的液体，腹膜发炎，以后肝萎缩硬化，小叶间结缔组织增生。寄生多时，引起胆管扩张、增厚、变粗，甚至堵塞，胆管呈绳索样突出于肝表面，胆管内壁有盐类沉积，使内壁粗糙，刀切时有沙沙声。胆管内可发现虫体。

【诊　断】 确诊本病主要采用反复沉淀法和硝酸铅漂浮法。

六、丝虫病

家畜丝虫病是由丝虫目的丝状科和丝虫科的各种虫体寄生于牛、马、羊等动物所引起的疾病。常见的有丝状属成虫所致的马、牛腹腔丝虫病，其幼虫所致的马、羊脑脊髓丝虫病及浑睛虫病；副丝虫属成虫所致的马副丝虫病(皮下丝虫病、血汗症)；盘尾丝虫属成虫所致的马、骡盘尾丝虫病；恶丝虫属成虫引起的犬心丝虫病。

【病　原】

1. 牛、马腹腔丝虫病　本病是由丝状线虫寄生于牛、马腹腔所引起，故称腹腔丝虫病。腹腔是本属线虫的正常寄生部位，致病力一般不强。

马腹腔丝虫病是由马丝状线虫寄生于马属动物的腹腔所引起，有时可在胸腔、阴囊等处发现虫体。虫体呈丝状，雄虫长 40～80 毫米，雌虫长 70～150 毫米。

牛腹腔丝虫病是由指形丝状线虫寄生于黄牛、水牛或牦牛的腹腔引起的。雄虫长 40～50 毫米，雌虫长 60～80 毫米。

2. 马、羊脑脊髓丝虫病　本病是由指状丝虫和唇乳突丝虫的晚期幼虫迷路侵入马、羊的脑或脊髓硬膜下或实质中而引起的疾病。虫体呈线丝状，乳白色，长 1.6～5.8 厘米，宽 0.078～0.108 毫米，其形态特征已基本近似成虫，体态弯曲自然，多呈 S 形、C 形或其他形态的弯曲，也有扭成 1～2 个结的。

3. 浑睛虫病　浑睛虫病的中间宿主为蚊类。如果蚊体内含有丝状线虫的感染性幼虫，当其吸取马、牛血液时，即可将感染性幼虫注入马、牛体内。幼虫在移行过程中，误入眼前房内，即可使马、牛发病。马、骡较牛多发本病。

4. 牛、马盘尾丝虫病　本病是由丝虫科、盘尾属的一些线虫寄生于牛、马的肌腱、韧带和肌间所引起的疾病。在寄生处常形成硬结。库蠓、蚊或蚋为中间宿主,盘尾丝虫主要寄生于终末宿主的鬐甲、枕骨部、颈部、四肢、腱和韧带及其附近的组织等处,引起皮肤肥厚、脓肿及瘘管。其幼虫可以移行于成虫寄生部附近的血管,尤其是淋巴管更为多见,故已在大量马匹的角膜内发现,能引起急性的、类似周期性眼炎的眼病,对眼的视力损害很大。

盘尾属的线虫呈白色长丝状,该类虫体长度不等,寄生于马的长为15～18厘米,但有文献记载为6～30厘米,因为在组织内很难采到完整的虫体,所以各书的记载长度不一致。

【流行病学特点】 本病具有明显的季节性,多发生在7～9月份,即蚊虫最多的月份。本病还具有一定的地区性,在地势低洼、潮湿、蚊虫密集、养牛较多的地方发病较多。

【临床症状】

1. 牛、马腹腔丝虫病 寄生于牛、马腹腔等处的丝状线虫的成虫,对宿主的致病力不强,感染严重时有时能引起睾丸的鞘膜积液、腹膜及肝包膜的纤维素性炎症。但在临床上一般不显症状。

2. 马、羊脑脊髓丝虫病 临床症状主要表现为腰脊髓所支配的后躯运动神经障碍,常见的是呈现痿弱和共济失调,所以通常称为腰痿或腰麻痹。本病有时可突然发作,导致动物在数天内死亡。马发病后,逐渐丧失使役能力,有的病马因长期卧地不起,发生褥疮,继发败血症致死。羊患病后往往后躯歪斜,行走困难,甚至卧地不起,最后发生褥疮,食欲下降、消瘦贫血而死亡。

3. 浑睛虫病 症状主要有角膜炎、虹膜炎和白内障。病马表现眼睛流泪,怕光,角膜和眼房液轻度混浊,瞳孔散大,视力减退,眼睑肿胀,结膜和巩膜充血。病马时时摇晃头部或在马槽及系桩上摩擦病眼,严重时可失明。

4. 牛、马盘尾丝虫病 牛、马患盘尾丝虫病时,微丝蚴可致牛、马夏季过敏性皮炎、周期性跛行、骨瘤、腱鞘炎、滑液囊炎以及周期性眼炎、鬐甲瘘等一系列症状。

【诊 断】

1. 牛、马腹腔丝虫病 通过采集外围血查到微丝蚴即可确诊。

2. 马、羊脑脊髓丝虫病 当病马出现临床症状时，做出诊断已过晚，难以治愈。因此，本病的早期诊断亟待解决。

3. 浑睛虫病 马、牛患本病时，除检查症状外，由于虫体在眼前房液中游动，当对光观察时，可见虫体时隐时现，即可确诊。

4. 牛、马盘尾丝虫病 对本病的确诊主要依靠患部检出虫体或幼虫。

七、牛流行热

【病 原】 牛流行热是由牛流行热病毒引起的急性热性传染病，其临床特征为体温突然升高，流鼻液，呼吸促迫，全身虚弱，伴有消化系统和运动器官的功能障碍。本病常为良性经过，大部分病牛经2～3天即恢复正常，故又称“三日热”。

【流行病学特点】 本病主要侵害牛，黄牛、奶牛、水牛均可感染发病。病牛是本病的传染源，感染牛流行热病毒高热期的病牛能引起病毒血症，因此发热期的病牛血液是重要的传染源。本病自然发生的传播机制尚在研究。本病的流行有一定的周期性，流行一般在夏末秋初开始。

【临床症状】 潜伏期一般为3～7天。病初，在出现高热前，可见病牛震颤、寒战，继而突然高热达40℃以上，持续2～3天后下降至正常体温。病牛表现精神委顿，反刍停止，产奶量急剧下降，喜卧不喜动，四肢关节有轻度肿胀与疼痛，以致发生跛行。眼结膜充血、水肿，流泪，结膜充血，眼睑肿胀。呼吸促迫，鼻流透明黏稠分泌物，呈线状。口角流出线状黏液。病牛排出的粪便呈山羊粪便样或水样便。尿量减少，排出暗褐色浑浊尿液。妊娠母牛患病时可发生流产、产死胎。

【病理变化】 特征性病理变化为浆液纤维素性关节炎和关节周围炎、腱鞘炎、肺间质性气肿、支气管肺炎、骨骼肌局灶性坏死、肾贫血性梗死和全身性脉管炎。

肺见特征性间质性肺气肿，肺实质充血、水肿或肺泡气肿，并可见暗红色、青紫色的黄豆大至蚕豆大的突变区，散在于尖叶、心叶和肺叶前缘。肝脏显著肿大，质脆，色黄，胆囊膨满，充满油样胆汁。脾脏被膜下见有点状出血。肾被膜易剥离，呈黄色或紫红色，质脆，柔软，表面和切面常见散在的小坏死灶或贫血性梗死灶。心内膜有显著的点状、斑状或条纹状出血。四肢关节尤其是膝关节、跗关节、肘关节和腕关节表现肿大。全身淋巴结尤其与四肢相关的淋巴结肿大、多汁、出血，呈急性淋巴结炎变化。

【诊　断】 确诊本病常采用病毒分离和血清中和试验、琼脂扩散试验、补体结合试验、酶联免疫吸附试验、间接免疫荧光抗体试验等血清学检查方法。

【检疫处理】 在本病流行时，为防止扩散蔓延，应迅速采取隔离病牛、发病圈舍消毒、限制向未发病地区输送牛只等措施。为消除媒介昆虫传播本病，特别是在流行期内，可使用杀虫剂、防虫网，避免媒介昆虫的侵入。

八、牛病毒性腹泻-黏膜病

【病　原】 牛病毒性腹泻-黏膜病简称牛病毒性腹泻或牛黏膜病，大多数呈隐性感染或轻度不易觉察的感染，以发热、厌食、流鼻液、咳嗽、腹泻、消瘦、消化道黏膜发炎糜烂及淋巴组织显著损害为特征。病原体为牛病毒性腹泻-黏膜病病毒。

【流行病学特点】 自然感染仅见于牛，如黄牛、水牛、牦牛等，各种年龄的牛均有易感性。绵羊、山羊、猪等动物也可发生隐性感染。传染源为患病动物及带毒动物，病毒随其分泌物和排泄物排出体外。持续感染牛可终生带毒、排毒，是本病传播的重要传染源。本病主要是经口感染，也可由于吸入病牛咳嗽、呼吸而排出的带毒飞沫而感染。本病还可通过胎盘发生垂直感染或通过自然交配、人工授精而发生感染。本病常年均可发病，于冬末和春季多发，呈地方性流行。本病的发病率与病死率变动很大。

【临床症状】 急性型病牛初期体温升高达40℃～42℃。病牛精神沉郁，厌食，鼻、眼有浆液性分泌物。2～3天内可能有鼻镜及口腔黏膜表面糜烂，舌面上皮坏死，流涎增多，呼出气恶臭。通常在口内损害之后常发生严重腹泻，开始水泻，以后粪便中带有黏液和血液。有些病牛常有蹄叶炎及趾间皮肤糜烂坏死，跛行。

慢性病牛很少有发热症状。最引人注意的症状是鼻镜上的糜烂，糜烂在全鼻镜上可连成一片。眼常有浆液性分泌物。口腔内很少有糜烂，但门齿齿龈通常发红。由于蹄叶炎及趾间皮肤糜烂坏死而致的跛行是最明显的症状。通常皮肤成为皮屑状，在鬐甲、颈部及耳后最明显。有无腹泻不定。淋巴结不肿大。

母牛在妊娠期间感染本病时，病毒常常通过胎盘侵害胎儿引起流产或犊牛先天性缺陷，最常见的是小脑发育不全。

【病理变化】 主要病变在消化道。特征性损害是食道黏膜糜烂，呈大小不等的形状与直线排列。瘤胃黏膜偶见出血和糜烂，皱胃炎性水肿和糜烂。肠壁水肿增厚，小肠表现急性卡他性炎症。齿龈、上腭、舌面两侧及颊部黏膜有糜烂，严重病例在咽喉头黏膜出现弥漫性坏死。鼻镜、鼻孔出现糜烂和浅溃疡。

【诊　断】 确诊本病常采用病毒分离和中和试验、琼脂扩散试验、免疫荧光技术等血清学方法。

九、牛生殖器弯曲杆菌病

【病　原】 牛生殖器弯曲杆菌病是由胎儿弯曲杆菌引起的牛的慢性生殖器疾病。其感染部位公、母牛都局限于生殖器官，通过交配而相互传播，引起牛一时性不孕、流产或腹泻等。本菌对人也有易感性。

【流行病学特点】 本菌主要感染牛，各种年龄的公牛对本菌均易感，成年母牛易感性较高，未成年牛稍有抵抗力。传染源为患病母牛和带菌公牛以及康复后的母牛。目前认为，胎儿弯曲杆菌有2个亚种，胎儿弯曲杆菌胎儿亚种和胎儿弯曲杆菌性病亚种，前者对牛和人均有感染性，存在于流产胎盘及胎儿组织、感染的人和牛血液、肠内容物及胆汁中，其感染途径是消化道。后者主要是通过生殖道，由自然交配或人工授精两种接触方式传播。本病多呈地方流行性，也能发生大流行。

【临床症状】 公牛患病后，没有明显的临床症状，精液正常，仅在包皮黏膜上发现暂时性潮红，但精液和包皮带菌。

母牛感染后，病初阴道呈卡他性炎，黏膜发红，特别是子宫颈部分黏液增加，清澈，偶尔稍混浊。母牛生殖道病变的恶化常导致胚胎早期死亡并可能被吸收，从而不断发情。有些母牛的胎儿死亡较迟，发生流产，流产多在妊娠的5～6个月。

人感染致病后出现发热，持续发热时间较长。临床上可出现心型（心内膜炎、心外膜炎）、脑膜炎型（急性化脓性脑膜炎或脑膜脑炎）、脑脊髓炎型（多发生于初生儿）、关节炎型（急性化脓性关节炎），有时可引起人的流产和不孕。

成年母牛和小母牛子宫发生内膜炎、轻度子宫颈炎和输卵管炎。肉眼可见子宫颈潮红，子宫有轻度黏液性渗出物，可扩展到阴道。

【诊　断】 确诊本病常采用病菌分离和鉴定、阴道黏液凝集试验、聚合酶链式反应技术等。

十、牛毛滴虫病

【病　原】 牛毛滴虫病是由牛胎毛滴虫寄生于牛的生殖器官引起的。母牛感染后可引起生殖器炎症，妊娠母牛感染可导致胎儿死亡并流产。公牛感染后引起包皮和阴茎炎，性欲减退。

【流行病学特点】 牛胎毛滴虫主要寄生在母牛的阴道、子宫内以及公牛的包皮腔、阴茎黏膜和输精管等处。母牛妊娠后，在胎儿的胃和体腔内、胎盘和胎液中，均有大量虫体。本病主要是通过病牛与健康牛直接交配进行传播，也可经胎盘传染。公牛在临床上往往没有明显症状，但可带虫达 3 年之久，在本病的传播上起着相当大的作用。感染多发生在配种季节。

【临床症状】 母牛感染后，经 1～2 天，阴道即发红肿胀，1～2 周后，开始有带絮状物的灰白色分泌物自阴道流出，同时在阴道黏膜上出现小疹样的毛滴虫性结节。探诊阴道时，感觉黏膜粗糙，如同触及砂纸一般。当子宫发生化脓性炎症时，体温往往升高，泌乳量显著下降，妊娠后不久，胎儿死亡并流产。

公牛于感染后 12 天，包皮肿胀，分泌大量脓性物，阴茎黏膜上发生红色小结节，此时公牛有不愿交配的表现。

【诊　断】 确诊本病必须用病原体检查，主要检查阴道排出物、包皮分泌物、胎液、胎儿的胸腹腔液和胃内容物等有无牛胎毛滴虫存在。

【检疫处理】 检疫时若发现牛患有毛滴虫病时，应将病牛与健康牛群隔离开，病牛经治疗证明确实治愈时，方可转入健康群。

十一、牛皮蝇蛆病

【病　原】 牛皮蝇蛆病是由牛皮蝇和纹皮蝇的幼虫寄生于牛或牦牛的背部皮下组织内所引起的一种慢性寄生虫病。皮蝇幼虫偶尔也能寄生于马、驴和野生动物的背部皮下组织内。由于皮蝇幼虫的寄生，可使病牛消瘦，幼龄牛发育受阻，母牛产奶量下降。

【流行病学特点】 牛皮蝇成蝇体长约 15 毫米，头部被有浅黄色绒毛，胸部前端部和后端部的绒毛为淡黄色，中间为黑色。腹部的绒毛，前端部为白色，中间为黑色，末端部为橙黄色。卵呈淡黄色,长圆形,后端有长柄附着于牛毛上。

牛皮蝇属全变态,整个发育过程须经卵、幼虫、蛹和成虫 4 个阶段。成蝇不采食,不叮咬动物,一般多在夏季出现。牛皮蝇卵产于牛的四肢上部、腹部、乳房和体侧的被毛上,第一期幼虫向背部移行,沿着毛孔钻入皮内,皮肤表面出现瘤状隆起。牛只感染多发生在夏季炎热、成蝇飞翔的季节里。

【临床症状】 牛皮蝇幼虫也有偶然寄生在人体皮下的报道。人的感染是由雌蝇产卵于人的毛发上或衣服上孵出幼虫,或牛体上的幼虫附着在人皮肤上,钻入皮内造成的。幼虫在人体内的移行和发育,可引起疼痛和抽搐等症状。

幼虫钻入皮肤时,引起痛痒,精神不安,患部生痂。幼虫寄生在食道时可引起浆膜发炎。当幼虫移行到背部皮下时,可引起皮下结缔组织增生,在寄生部位发生瘤肿状隆起和皮下蜂窝组织炎。皮蝇幼虫的毒素,对牛的血液和血管壁有损害作用,可引起贫血。严重感染时,病牛消瘦,肉质变差;幼龄牛生长缓慢,贫血;母牛产奶量下降;役牛的使役能力降低。有时皮蝇幼虫钻入延髓或大脑脚,可引起神经症状,如做后退运动、突然倒地、麻痹或晕厥等,重者可造成死亡。

【诊　断】 幼虫在食道肌肉寄生时不易查出,当移行至背部皮下时,最初在背部可触摸到长圆形硬结,以后可以摸到瘤肿,在瘤肿内发现有一幼虫即可确诊。

十二、绵羊肺腺瘤病

【病　原】 肺腺瘤病是成年绵羊的一种接触性慢性传染病,其特征为潜伏期长,病羊肺部形成腺体样肿瘤。

【流行病学特点】 各品种和年龄的绵羊均能发病。但由于潜伏期长,出现临床症状的多为 2～4 岁的成年绵羊。山羊也可发生。病毒可经呼吸系统传播,病羊通过咳嗽、喘气,将有感染性的病毒悬滴排至空气中，附近的易感绵羊吸入悬滴而感染。羊圈拥挤，尤其在密闭的圈舍中，有利于病的传播。在冬季，病羊的病势加重和死亡数目增多；天气寒冷容易使绵羊感染细菌性肺炎，这种并发症可缩短本病的临床过程。本病主要呈地方性散发。

【临床症状】 潜伏期为数月至数年。自然病例出现临床症状最早的为当年出生的羔羊，但多见于2～4岁的成年绵羊。病羊感染病毒后，随着肺内肿瘤的不断增长，病羊表现呼吸困难，尤其在剧烈运动或长途驱赶后，病羊呼吸加快更加明显。当病程发展到一定阶段，病羊肺内分泌物增加，可听到湿性啰音。当病羊低头采食时，从鼻孔流出大量水样稀薄的分泌物。一般来说，病羊体温不高，逐渐消瘦，偶见咳嗽，最后病羊由于呼吸困难、心力衰竭而死亡。

【病理变化】 主要的病理变化仅局限于肺脏。早期，在肺上发现弥散性分布的灰白色小结节，微微高出于肺表面，主要见于尖叶、心叶、膈叶前缘及右肺边缘。特别是在病的后期，小的肿瘤逐渐融合成大的团块，甚至取代大部分肺组织，病变部位变硬，失去原有的色泽和弹性，像煮过的肉或呈紫绀色。肺脏由于肿瘤的增生而体积增大，有的可达正常的2～3倍。

【诊　断】 确诊本病常采用免疫凝集反应和酶联免疫吸附试验等方法。

【检疫处理】 肺腺瘤病是一种较为顽固的地方性散在传染病。一经传入，即可在羊群中潜存下来。故在检疫时，一旦检出肺腺瘤病病毒，阳性动物应做扑杀、销毁处理，同舍动物隔离观察。

十三、绵羊地方性流产

【病　原】 绵羊地方性流产是由鹦鹉热衣原体引起的一种传染病，以发热、流产、死产和产弱羔为特征，主要危害绵羊和山羊。

【流行病学特点】 本病的传播主要发生于分娩和流产的时

候,病羊通过胎盘、胎儿、子宫分泌物排出大量衣原体,污染饲料和饮水,经消化道使健康羊感染,也可由污染的尘埃和散布于空气中的飞沫经呼吸道感染。此外,本病也可通过交配传播。带菌羊长期从粪便中排菌,因而本病可从一个繁殖期持续到下一个产羔季节,使感染长期化。

【临床症状】 通常在妊娠的中后期发生流产,前期症状不明显,临床表现主要为流产、死产或产弱羔。流产后少部分病羊可能有胎衣滞留,子宫排出物持续数天。流产母羊体温升高达 1 周。一些病母羊由于继发细菌感染,发生子宫内膜炎而死亡。流产过的母羊以后不再流产。公羊感染后可发生附睾炎和睾丸炎。

【病理变化】 感染母羊的主要病变是胎盘炎。水肿是发生率最高的病变,其范围和程度与感染阶段有关。妊娠后期感染水肿发生范围广,胎盘上见有棕红色渗出物。病程进一步发展,渗出物扩展到胎盘的脐区边缘,并且变成棕黄色,而且量也明显增多。绒毛膜因水肿而出现不规则的增厚区域,并常见绒毛膜粗糙、皱缩,呈皮革样。流产胎羔肝肿大,有白色坏死小点和纤维素沉着,或有水肿、腹水以及气管淤血点等。

【诊　断】 确诊本病常采用病原学检查(病原分离和涂片镜检等)及血清学检查,如补体结合试验、酶联免疫吸附试验、琼脂扩散试验和间接血凝试验。

【检疫处理】 在流行绵羊地方性流产的地区,及时用羊流产衣原体灭活苗对母羊和种公羊进行预防免疫,可有效控制本病的发生。暴发本病时,隔离所有的流产母羊和弱羔,感染的胎盘应予销毁,污染的羊舍进行彻底消毒。

十四、羊传染性脓疱皮炎

【病　原】 羊传染性脓疱皮炎俗称“羊口疮”,是绵羊和山羊的一种病毒性、接触传染性、嗜皮性传染病。在羔羊多为群发,其特征为在口唇、舌、鼻、乳房等部位形成丘疹、水疱、脓疱和痂皮。羔羊最为敏感，人也可感染。

【流行病学特点】 本病只危害绵羊和山羊，以 3～6 月龄羔羊发病最多，并常为群发性流行。成年羊同样有易感性，但较少发病，呈散发性传染。人和猫也可感染，而其他动物无论自然或人工感染均不易感。

自然感染主要是由于购入病羊或带毒羊而传染健康羊群，或者是通过将健羊置于病羊曾经用过的羊舍或污染的牧场而间接传播。感染途径主要是通过损伤的皮肤、黏膜。本病多发生于气候干燥的秋季，无性别和品种的差异。由于病毒的抵抗力较强，本病常可在羊群中连续危害多年。

【临床症状】 潜伏期一般为 3～8 天。临床上可分为唇型、蹄型和外阴型 3 种类型，偶见有混合型。

1. 唇型 这是一种最常见的病型。病羊首先在口角或上唇，有时在鼻镜上发生散在的小红斑，逐渐变为丘疹或小结节，继而形成水疱或脓疱，脓疱破溃后，结成黄色或棕色的疣状硬痂。若为良性经过时，这种硬痂逐渐扩大、加厚、干燥，1～2 周内脱落而恢复正常。严重病例，患部继续发生丘疹、水疱、脓疱、痂垢，并互相融合，波及整个口唇周围及眼睑和耳廓等部位，形成大面积的痂垢。痂垢不断增厚，痂垢下伴有肉芽组织增生，整个嘴唇肿大外翻呈桑葚状隆起。唇部肿大影响采食，病羊日趋衰弱而死亡。有些病例病变常蔓延到口腔黏膜，可见黏膜潮红，唇内面、齿龈、颊部、舌和软腭黏膜发生水疱或脓疱，破裂后成为红色糜烂面。病程可长达 2～3 周。

母羊常因哺乳病羔而引起乳头皮肤感染，也可能在唇部皮肤同样患病。

2. 蹄型 仅侵害绵羊，多单独发生，偶有混合型。多为一肢患病，但也可能同时或相继侵犯多数甚至全部蹄端。常在蹄叉、蹄冠或系部皮肤上形成水疱,后变为脓疱,破裂后形成由脓液覆盖的溃疡。若有继发感染,则化脓坏死变化可能波及基部或蹄骨,甚至腱和关节。

3. 外阴型 此型少见。表现为黏性和脓性阴道分泌物,在肿胀的阴唇和附近的皮肤上有溃疡;乳房和乳头的皮肤上发生脓疱、烂斑和痂垢。在公羊表现为阴茎鞘肿胀,阴茎鞘皮肤上和阴茎上发生小脓疱和溃疡。单纯的外阴型很少引起死亡。

【病理变化】 病变主要在唇部皮肤、蹄叉、蹄冠或系部皮肤,以及阴部附近皮肤和黏膜上有丘疹、水疱、脓疱、溃疡和结成疣状厚痂。

【诊　断】 确诊本病常采用病原学检查及血清学检查,主要的血清学检查方法有琼脂扩散试验、中和试验和补体结合试验等。

十五、羊腐蹄病

【病　原】 腐蹄病是由于羊蹄受伤后感染了坏死梭杆菌等病菌所引起的一种慢性传染病,在临床上表现为组织坏死,多见于皮肤和皮下组织。

【流行病学特点】 多种动物均有易感性,羊中以绵羊最易感,人偶尔易感。幼龄羊较成年羊易感。本病主要经损伤的皮肤、黏膜而侵入组织,也可经血流而散播,特别是在局部坏死灶中坏死梭杆菌易随血流散布至全身其他组织或器官中,并形成继发性坏死病变。新生羊可由脐经脐静脉侵入肝脏。本病多发生在夏、秋季节,常为散发或地方流行性。

【临床症状】 病初病羊跛行,蹄常抬起不敢落地,病蹄肿大,慢慢发展到蹄化脓坏死,蹄趾角质开裂,蹄壳剥离脱落,流出灰白色脓液。有的还能引起骨、腱和韧带的坏死及关节化脓性炎。病羊因腿瘸不能采食或继发感染其他疾病,食欲减退,逐渐消瘦,甚至死亡。

【诊 断】 确诊本病主要采用病原学检查，如病原分离、涂片镜检等。

【检疫处理】 当羊群一旦出现本病时，应注意检查、隔离和治疗病羊。对于健康的羊只，应避免皮肤黏膜损伤，保持羊舍环境清洁、干燥。

十六、羊肠毒血症

【病 原】 羊肠毒血症主要是绵羊的一种急性毒血症，是由于D型魏氏梭菌在羊肠道中大量繁殖，产生毒素所引起。病羊死后组织易于软化，因此又称为“软肾病”。

【流行病学特点】 本病有明显的季节性和条件性，多呈散发，绵羊发生较多，山羊较少。发病的羊多是膘情较好的。发病羊年龄不等，以2～12月龄的羊最易发病。

【临床症状】 本病特点是突然发作，往往在症状可以被看出来后绵羊便很快死亡。症状分为两类，一类以抽搐为特征，另一类以昏迷和静静死去为特征。前者在倒毙前，四肢出现强烈划动，肌肉震颤，眼球转动，磨牙，口水过多，随后头颈显著抽搐，2～4小时内死亡。后者早期症状为步态不稳，后卧倒，感觉过敏，流涎，上、下颌咯咯作响，继而昏迷，角膜反射消失，3～4小时内死亡。

【病理变化】 病变常限于消化道、呼吸道和心血管系统。病死羊可见腹部膨大，皱胃含有未消化的饲料。回肠的某些区段急性发红，心包常扩张，内含灰黄色液体和纤维素絮块，左心室的心内膜下有多数小出血点。肺脏充血和水肿。胸腺常发生出血。肾脏比平时更易于软化，像脑髓样。

【诊 断】 确诊本病常用病原学检查（如涂片镜检）和血清学检查（如荧光抗体试验等）。

十七、绵羊疥癣

【病　原】 疥癣是由各种螨类寄生于各种动物所引起的一种慢性寄生性皮肤病。其特征是皮肤发炎、剧烈的痒觉、结痂、脱毛和消瘦。绵羊疥癣主要是由痒螨和疥螨寄生所致。

【流行病学特点】 疥螨寄生于皮肤内层，痒螨寄生于皮肤表面。有的宿主感染螨后1年或几年内不出现任何症状，便是“带螨现象”，是本病的传染源。本病主要通过接触传染，幼龄羊易感，发病也较重。螨在幼龄羊体上繁殖比在成年羊体上快。秋、冬时期和阴雨天气时蔓延最广，发病最烈。

【临床症状】 有疥螨寄生的绵羊，症状表现为病初发生在嘴唇上、口角附近、鼻边缘及耳根部，严重时，蔓延至整个头、颈和皮肤，病变如干涸的石灰，故有“石灰头”之称。病羊初期有痒觉，后发生丘疹、水疱和脓疱，最后形成坚硬的灰白色橡皮样痂皮；嘴唇、口角附近或耳根部发生龟裂，可达皮下，化脓。

寄生痒螨的绵羊多发生在长毛的部位，表现为先发生奇痒、摩擦、搔抓患部，患部皮肤先生成针头大至粟粒大的结节，继而形成水疱和脓疱，最后形成浅黄色脂肪样的痂皮。有些患部皮肤肥厚变硬，形成龟裂。病羊首先可见毛结成束或泥泞不洁，后逐渐大批脱落，甚至全身的毛脱光。

【诊　断】 将收集的皮屑放入试管中，加入10%氢氧化钠溶液，加热煮沸，使皮屑溶解，虫体游离。离心沉淀后弃其上清液，取沉淀物镜检，或在沉淀物中加入饱和硫代硫酸钠溶液，离心沉淀2～3分钟，虫体上浮，取其上浮液，涂片镜检。如发现幼虫、成虫，均可做出诊断。

十八、马流行性感冒

【病　原】 马流行性感冒是由A型流感病毒引起的一种急

性传染病，其临床特征是发热，结膜潮红，伴有干咳，流浆液性鼻液，呈暴发性流行，发病率高而死亡率低。

【流行病学特点】 自然条件下仅马易感，2岁以下的幼龄马多发。本病可通过空气感染，也可通过被分泌物或排泄物污染的饲料、饮水经口感染，交配也是一种重要的传播方式。本病发病无季节性。

【临床症状】 最初2～3天内呈现经常的干咳，后逐渐变为湿咳，持续2～3周。亦发生鼻炎，先流水样的，而后变为很黏稠的鼻液。所有马在发热时都呈现全身症状，即呼吸、脉搏频数，食欲降低，精神委顿，眼结膜充血、肿胀，大量流泪。

【病理变化】 基本病变发生在下部呼吸道，由H3N8亚型病毒所致的病例可见细支气管炎或扩散而呈支气管炎、肺炎和肺水肿。

【诊　断】 常用病毒分离、补体结合试验和血凝抑制试验。

十九、马 腺 疫

【病　原】 马腺疫是由马腺疫链球菌引起的马、骡、驴的一种急性传染病。典型病例的临诊特征为体温升高，呼吸道及黏膜呈现卡他性化脓性炎症，颌下淋巴结呈急性化脓性炎症。

【流行病学特点】 马对本病最易感，骡、驴次之，其中以4月龄至4岁的马匹最易感，特别是1岁左右的幼驹发病最多。

本病的主要传染源是病畜和带菌动物。腺疫链球菌存在于病马的鼻液中。发生脓毒败血症时，在血液及各器官中也有本菌。有时健康马的扁桃体及上呼吸道黏膜也有马腺疫链球菌，亦能成为传染源。

本病的主要传播途径是经消化道传染，即病原体随着病马或带菌马的鼻液及破溃脓肿的脓液排出，污染周围环境，健康马通过被污染的饲料、饮水、饲养管理用具等经消化道感染。此外，也可通过创伤和交配感染。

本病多发于春、秋季节，呈地方流行性，其他季节多呈散发。

【临床症状】

1. 典型腺疫 主要特征是发生急性鼻黏膜卡他和颌下淋巴结肿胀化脓。病初体温升高，结膜潮红黄染，呼吸、脉搏增数，心跳加快。继而发生鼻卡他，鼻黏膜潮红，流鼻液，初为浆液性，后为黏液性，3～4天后变为黄白色脓性分泌物。当咳嗽、打喷嚏时，常于鼻孔流出大量鼻液，当炎症波及咽喉时，则咽喉部感觉过敏，咳嗽，呼吸及下咽困难。

颌下淋巴结也发生肿胀，达鸡蛋大或拳头大，并向周围迅速扩展，使下颌间隙消失，甚至蔓延至头颈部。淋巴结肿胀后大多化脓变软，形成脓肿，并有波动。波动处被毛脱落，皮肤变薄，在皮肤表面渗出黄色黏液，并很快破溃，流出大量黄色黏稠的乳脂状的脓液，经2～3周即痊愈。

2. 恶性型腺疫 若马腺疫链球菌由颌下淋巴结的化脓灶经淋巴结或血液转移到其他淋巴结，特别是咽淋巴结、颈前淋巴结及肠系膜淋巴结等，甚至转移到肺和脑等器官发生脓肿。颈前淋巴结肿大时，可在喉部两侧摸到。肠系膜淋巴结肿大化脓时，可在直肠检查时摸到肿大部。咽淋巴结脓肿位于深部，触摸不到，破溃后，由鼻腔排脓，使病畜呈现吞咽、呼吸困难。

3. 一过型腺疫 病畜主要呈鼻黏膜卡他，流出浆液性或黏液性鼻液。体温略升高。颌下淋巴结肿胀。如加强饲养管理，症状逐渐消失而自愈。

【病理变化】 常见的病理变化是鼻黏膜和淋巴结的急性化脓性炎。鼻黏膜、咽黏膜呈卡他性化脓性炎症，黏膜上有多数出血点或出血斑，并覆盖有黏液脓性分泌物。淋巴结初期见腺体充血、肿大，后期有化脓或形成大的脓肿，一般达胡桃大至拳头大或小儿头大，其中以颈下和咽淋巴结为最常见。此外，还可见到脓毒败血症的变化，在肺、肝、肾、脾、心肌、乳房、肌肉等处，有大小不等的化脓灶和出血点，并有化脓性心包炎、胸膜炎和腹膜炎。

【诊　断】 确诊本病主要采用细菌学诊断，如显微镜镜检等。

【检疫处理】 若发现病马，立即隔离治疗，对病马厩和用具进行严格消毒。

二十、马鼻腔肺炎

【病　原】 马鼻腔肺炎是由马疱疹病毒Ⅰ型引起的马的一种急性病毒性传染病，又名马病毒性流产。临床表现为发热，头部和上呼吸道黏膜的卡他性炎症，白细胞减少。妊娠母马感染本病时，易发生流产。

【流行病学特点】 本病在自然情况下只感染马属动物。病马和康复后的带毒马是传染源，主要经呼吸道传染，通过消化道及交配也可传染，可呈地方性流行，多发生于秋冬和早春。本病先在育成马群中暴发，传播很快，1 周左右可使同群幼驹全部感染，随后妊娠母马发生流产，流产率达 65%～70%，高的可达 90%。

【临床症状】 潜伏期为 2～10 天。幼驹发病初期高热，鼻黏膜充血并流出浆液性鼻液，颌下淋巴结肿大，食欲稍减，白细胞数减少，体温下降后恢复正常。若无细菌继发感染，多呈良性经过，1～2 周可完全恢复。成年马和空怀母马感染后多呈隐性经过。妊娠母马的流产多发生在妊娠后的 8～11 个月，流产前不出现任何症状，偶有类似流感的表现。流产的胎儿多为死胎，一般比较新鲜，无自溶和腐败现象。如在妊娠末期，也能产下活的马驹，但2～3 天内必死亡。母马流产后迅速恢复，不影响以后的发情和受胎。

幼驹和成年马感染本病后一般只引起上呼吸道炎症。

【病理变化】 流产胎儿呈急性病毒性败血症变化。胎盘、胎膜有充血、出血和坏死斑，流产胎儿大多出现黄疸，黏膜有出血斑。胎儿皮下，特别是颌下、腹下、四肢皮下水肿和充血。

【诊　断】 确诊本病常用的方法有病原学检查(病毒分离及病毒鉴定)和血清学检查(微量血清中和试验、补体结合试验、琼脂免疫扩散试验等)。

【检疫处理】 检疫时,若发现可疑病例,应及时隔离、消毒,严格按规定处理病死马。

二十一、溃疡性淋巴管炎

【病　原】 溃疡性淋巴管炎是由伪皮疽组织胞浆菌引起的马属动物的一种慢性传染病。其特征为淋巴管和淋巴结周围发炎、肿胀、化脓、溃疡和发生肉芽肿结节。

【流行病学特点】 马属动物中以马、骡对本病的易感性最强,驴次之,牛、猪及人也偶能感染。

本病的主要传染源是病畜。伪皮疽组织胞浆菌大量存在于脓液里,脓肿破溃后,随着脓液及溃疡分泌物排出,污染周围环境进行传播。本病的传播途径主要通过直接接触或间接传递物,经损伤的皮肤或黏膜而传染,也可经交配传染。此外,常受吸血昆虫的刺螫也易导致本病发生。

【临床症状】 本病多为散发,无严格的季节性。主要症状是在皮肤、皮下组织及黏膜上发生结节和溃疡;淋巴管肿大,有串珠状结节或溃疡。

1. 皮肤 最常发生于四肢、头部、颈部及胸侧等处。病灶通常从皮肤的某一部位开始,出现豌豆大的硬性结节肿,初期被毛覆盖,用手触摸才能发现。结节逐渐增大,凸起于皮肤表面,形成脓肿,继而破溃流出黄白色或淡红色脓液,逐渐形成溃疡,由于肉芽增生,溃疡高于皮肤表面如蘑菇状或周围凸起中间凹陷,易于出血,不易愈合。

2. 淋巴管 病灶发生在某一部位的淋巴管上,淋巴管变粗呈索状,若其上面形成许多小结节则为串珠状。结节软化破溃后,也形成蘑菇状溃疡。局部淋巴结变大，有的如拇指或核桃大，经过化脓、溃疡，最后形成痂皮。

3. 黏膜　多在鼻腔、口唇、眼结膜及生殖器官黏膜等处发生大小不同的黄白色、石灰白色圆形、椭圆形结节，结节破溃后，形成单在的或融合的高低不平的溃疡面。病变发生在鼻黏膜时，流出少量黏液性鼻液，同侧的颌下淋巴结也常肿大，流出少量黏液性鼻液。

本病全身症状不明显，一般体温不升高，食欲正常，只有在化脓形成溃疡伴有混合感染时才表现体温升高。本病常呈慢性经过。

【病理变化】　皮肤和皮下组织中有大小不同的化脓病灶，其间的淋巴管充满脓液和纤维蛋白凝块，淋巴管内壁则高度潮红，并呈细颗粒状。单个结节是由灰白色柔软的肉芽组织构成，其中散布着微红色病灶。局部淋巴结如颌下淋巴结、颈前淋巴结、咽后淋巴结、腹股沟淋巴结等通常肿大，有时破溃并与该部皮肤愈着而不易移动。

鼻黏膜上有扁豆大扁平凸起的灰白色小结节和由这种小结节形成的较大溃疡，溃疡边缘隆起。个别四肢关节含有浆液性脓性渗出液，周围的组织中有的布满许多化脓病灶。

【诊　断】　确诊本病常采用病原学检查(涂片镜检、病原分离及鉴定)和变态反应等方法。

【检疫处理】　若发现阳性动物时，应做扑杀、销毁处理，同群动物隔离观察。扑杀或自然死亡的尸体和凡含有病原菌的物质都要深埋于2～2.5米的坑内。在距离地面1米处撒一层生石灰，再盖土掩埋。

病畜粪便要烧毁或深埋。病马厩舍及其用具用4%热氢氧化钠溶液或含50%有效氯的漂白粉混悬液消毒。

二十二、马媾疫

【病　原】 马媾疫是由媾疫锥虫寄生于马属动物生殖器官而引起的,以外生殖器炎症、皮肤轮状丘疹和后躯麻痹为特征。

【流行病学特点】 在自然情况下,仅马属动物对媾疫锥虫有易感性,良种马匹易感性较高。媾疫锥虫主要在生殖器官黏膜寄生,产生毒素,感染途径主要是健马同病马交配时发生感染,有时也可以通过未经严格消毒的人工授精器械和用具等感染,故本病多发生于配种季节之后。带虫马是马媾疫的主要传染源。

潜伏期一般为8～28天,也有的长达3个月。

【临床症状】

1. 生殖器官症状 公马一般先在包皮前端发生水肿,逐渐蔓延到阴囊、包皮、腹下及股内侧。触诊水肿部无热、无痛,呈面团样硬度,大小不一,牵遛后不消失。尿道黏膜潮红、肿胀,尿道口外翻,排出少量浑浊的黄色液体。阴茎、阴囊、会阴等部位的皮肤相继出现结节、水疱、溃疡和缺乏色素的白斑。有的病马阴茎脱出或半脱出,性欲亢进,精液质量降低。母马阴唇肿胀,逐渐波及乳房、下腹部和股内侧。阴道黏膜潮红、肿胀、外翻,不时排出少量黏液脓性分泌物,频频排尿,呈发情状态。在阴门、阴道黏膜上不断出现小结节和水疱,破溃后成为糜烂面。病马屡配不孕,或妊娠后容易流产。

2. 皮肤 在生殖器出现急性炎症后的1个月,病马胸、腹和臀部等处的皮肤上出现无热、无痛的扁平丘疹,中央凹陷,周边隆起,界限明显。其特点是突然出现,迅速消失,然后再出现。

3. 神经症状 病后期,病马的某些运动神经被侵害,出现腰神经与后肢神经麻痹,表现步样强拘、后躯摇晃和跛行等,症状时轻时重,反复发作,容易被误诊为风湿病。

4. 全身症状 病初体温稍升高,精神、食欲无明显变化。随着病势加重，反复出现短期发热，渐进性贫血，消瘦，精神沉郁，食欲减退。末期病马后躯麻痹不能起立，可因极度衰竭而死亡。

【病理变化】 由于本病是由媾疫锥虫侵入公马尿道或母马阴道黏膜后，在黏膜上进行繁殖而引起的局部炎症，因此病变也主要表现在生殖器上。公马包皮前端发生水肿，逐步蔓延至阴囊、包皮、腹下及股内侧。尿道黏膜潮红肿胀，尿道口外翻。母马阴道黏膜潮红、肿胀。

【诊　断】 确诊本病可采用虫体检查、血清学诊断（补体结合试验）和动物接种试验等。

二十三、猪传染性胃肠炎

【病　原】 猪传染性胃肠炎是由猪传染性胃肠炎病毒引起的猪的一种高度接触传染性肠道疾病，以呕吐、严重腹泻和失水为特征。

【流行病学特点】 各种年龄的猪均可发病，10日龄以内的仔猪病死率很高，较大的或成年猪几乎无死亡。病猪和带毒猪是本病的主要传染源，其排泄物、乳汁、呕吐物、呼出气体等均能排出病毒，污染环境、土壤、用具、饲料、饮水和空气等。病毒主要通过消化道和呼吸道传染给易感猪。本病在深秋、冬季和早春多发，夏季少发。

【临床症状】 仔猪发病突然，先呕吐，后发生频繁的水样腹泻。腹泻开始时稍黏稠，很快成为稀便、水便顺肛门流出，粪便呈黄色、灰黄褐色、淡黄色水样，有腥臭味，常夹有未消化的凝乳块。肛门及会阴部呈红色。乳猪迅速脱水，喜呆立一隅，弓腰没有精神。病猪极度口渴，明显脱水，体重迅速减轻。日龄越小，病程越短，病死率越高。

幼龄猪、肥育猪和母猪的症状轻重不一，通常仅表现1天至数天的食欲不振或缺乏，个别猪有呕吐，水样腹泻呈喷射状，排泄物呈灰色或褐色，5～8 天腹泻停止而康复。

【病理变化】 主要病变在胃和小肠，剖检可见轻重不一的卡他性胃肠炎。胃内充满凝乳块，胃底黏膜轻度充血。肠内充满黄色或灰白色较透明的液体，肠壁菲薄而缺乏弹性，肠系膜充血，淋巴结肿胀。肾常有混浊肿胀和脂肪变性，并含有白色尿酸盐类。

【诊　断】 确诊本病常采用病毒分离、乳猪接种试验、荧光抗体试验等方法。

二十四、猪副伤寒

【病　原】 猪副伤寒亦称猪沙门氏菌病，是由沙门氏菌属细菌引起的仔猪的一种传染病。急性经过呈败血症症状，慢性者表现坏死性肠炎，有时发生卡他性或干酪性肺炎。

【流行病学特点】 各种年龄的猪均可感染，以 1～4 月龄者多发。病猪和带菌猪是本病的传染源。病猪和带菌猪可从粪便排出病原菌，污染饲料、饮水及环境，经消化道感染健康猪。特别是鼠伤寒沙门氏菌，可潜藏于消化道、淋巴组织和胆囊内，当外界不良因素使机体抵抗力下降时，病原菌可活动发生内源性感染。本病发病无季节性，但在多雨潮湿季节发病较多。潜伏期一般 2 天左右。

【临床症状】 急性型（败血型）通常由猪霍乱沙门氏菌引起，主要发生在 5 月龄以下的断奶猪，表现单个猪或呈流行性的突然死亡和流产。临床表现为体温升高，精神不振，不食。后期有下痢、呼吸困难，耳根、胸前和腹下皮肤有紫红色斑点。到发病第三、第四天才出现腹泻，排黄色水样便。本病的发病率不超过 10%，但死亡率很高。

亚急性型和慢性型是本病临床上多见的类型。病猪体温升高，寒战，喜钻垫草，眼有黏性或脓性分泌物，上、下眼睑常被粘着。食欲不振，初便秘后下痢，粪便呈淡黄色或灰绿色，恶臭。部分病猪在疾病的中、后期出现弥漫性湿疹。特别是在腹部皮肤，有时可见绿豆大、干涸的浆液性覆盖物，揭开可见浅表性溃疡。最后极度消瘦，衰竭而死。

【病理变化】 急性者主要表现败血症的病理变化。脾常肿大，色暗带蓝，坚度似橡皮。肠系膜淋巴结索状肿大，软而红，类似大理石状。肝、肾也有不同程度的肿大、充血和出血。全身各黏膜、浆膜均有不同程度的出血斑点，肠胃黏膜可见急性卡他性炎症。

亚急性型和慢性型的特征性病变为坏死性肠炎，盲肠有时波及至回肠后段，肠壁增厚，黏膜上覆盖有一层弥漫性坏死性的腐乳状物质，剥开可见底部呈红色、边缘不规则的溃疡面。肠系膜淋巴结索状肿胀，脾稍肿大，肝有时可见黄灰色坏死小点。

【诊　断】 本病确诊常采用细菌学检查和血清学试验，如玻片凝集试验等。

二十五、猪密螺旋体痢疾

【病　原】 猪密螺旋体痢疾是由致病性猪痢疾螺旋体引起的以大肠黏膜发生黏液性、出血性及坏死性为特征的猪肠道传染病。

【流行病学特点】 自然情况下，仅猪发病，各种年龄的猪均可感染，一般以 7～12 周龄、体重在 15～70 千克的猪发病较多。病猪和带菌猪是本病的主要传染源，康复猪可带菌长达数月，通常是病猪排出带有大量猪痢疾螺旋体的粪便，污染地面、饲料、饮水和周围环境，通过饲养员、用具和车辆携带而传播。感染途径主要是消化道。本病流行无明显的季节性。

【临床症状】 本病的潜伏期为 2 天至 3 个月，自然感染在接触病猪后 10～14 天内发病。腹泻是最常见的症状，严重程度差异很大，很少或未见下痢而在几个小时内死亡。多数病猪的症状是先排泄松软的黄色至灰白色粪便，厌食，体温升高，经几小时至几天后，粪便中有大量的黏液，并常带血块。随后水样粪便中含有血液、黏液和白色的黏液纤维素性渗出物，常常污染病猪后躯。随着病程延长,病猪腹泻,导致脱水、消瘦、虚弱、运动失调和衰竭。

大多数病猪的症状基本相同,依据病程长短大致可分为急性型、亚急性型和慢性型。慢性病猪的粪便混有黑色血液。除急性死亡病例外,大多病猪均由于脱水和营养失调而死亡。

【病理变化】 特征性病变在大肠,常在回盲结合处有一条明显的分界线。急性期典型病变是大肠壁和肠系膜充血和水肿,肠系膜淋巴结肿胀,有少量清亮的腹腔积液。由于黏膜明显水肿,结肠失去典型的皱褶,黏膜面呈暗红色,上覆带有血斑的黏液。结肠内容物质软或呈水样,并含有渗出物。随着病程进展,大肠壁水肿程度可能减轻,黏膜病变更加严重。慢性病例,黏膜表面通常覆盖一层薄的致密的纤维素性渗出物,有浅表性坏死。

【诊　断】 本病确诊主要采用病原学检查,如涂片镜检、分离培养、生化鉴定及动物试验。也可采用血清学检查,如微量凝集试验、平板凝集试验、免疫荧光试验和琼脂免疫扩散试验等。

二十六、鸡病毒性关节炎

【病　原】 鸡病毒性关节炎是由禽呼肠孤病毒引起的,是鸡和火鸡常见的一种病毒性传染病,主要特征为关节囊及腱鞘发生急性或慢性炎症,引起足关节肿胀、腱鞘发炎,并常导致腓肠肌断裂。本病在多数情况下呈亚临床感染,死亡率低于5%。

【流行病学特点】 自然情况下仅感染鸡和火鸡,各种类型的鸡均能感染,以4～6周龄的肉用仔鸡发病最多,其次是蛋鸡和火鸡。随着日龄增加,易感性降低。其他禽类和鸟类体内可发现呼肠孤病毒,但不导致发病。

病鸡和带毒鸡是主要传染源,主要通过消化道进行排毒。病鸡、带毒鸡能长时间从粪便中排毒,污染饲料、饮水,经消化道传染其他鸡而进行水平传播,也可通过种蛋垂直传播。水平传播是其主要传播方式。

【临床症状】 大多数感染鸡呈隐性感染，只有血清学和组织学的变化而无临床症状。部分病鸡病初有较轻微的呼吸道症状，食欲和活力减退，不愿走动，蹲伏，贫血及消瘦，随后出现跛行，两侧性胫和跗关节发炎肿胀。病程延长且严重时，可见一侧或两侧腓肠肌肌腱断裂，骨扭转。本病的感染率可高达95%～100%，但死亡率通常不超过5%。

【病理变化】 在跗关节上部进行触诊可明显地察觉伸肌腱肿胀。切开肿胀局部，见有少量黄色浆液性纤维性渗出物。在感染的早期，跗关节和关节的腱鞘显著肿胀，踝关节上方的滑膜常有出血点。腱部的炎症转化为慢性型病变，其特征为腱鞘硬化和粘连。胫、跗关节远端的关节软骨形成有凹陷的小烂斑。

【诊　断】 确诊本病常采用病毒分离鉴定和琼脂扩散试验、间接酶联免疫吸附试验、双抗体夹心酶联免疫吸附试验、鸡病毒性关节炎免疫荧光试验等血清学方法。

【检疫处理】 本病目前尚无有效的治疗方法，预防主要是改善饲养管理和卫生条件，从未受感染的种鸡场引种，采用全进全出的饲养程序，对患病鸡要坚决淘汰；污染的鸡舍，待病鸡群从鸡舍清除之后，必须全部空舍和清洗消毒。

二十七、禽传染性脑脊髓炎

【病　原】 禽传染性脑脊髓炎是由禽脑脊髓炎病毒引起的禽的一种传染病。临床特征为头、颈部肌肉震颤，不能行走；商品鸡产蛋量下降；种鸡若在产蛋期被感染，则雏鸡在出壳后4周内可能出现脑脊髓炎症状。

【流行病学特点】 各种日龄的鸡、火鸡均可感染，但只有雏禽才有明显的临床症状和死亡。病禽和带毒禽为主要传染源，病禽粪便中含有大量病毒，被污染的饲料、饮水和用具等可引起水平传播；若母鸡在产蛋期被感染，则可通过蛋进行垂直传播。脑脊髓炎的发生没有季节性，一年四季均可发生。雏鸡的发病率为40%～60%，死亡率为20%～50%，或更高些。

本病经蛋传播的潜伏期为1～3天，经消化道传播的潜伏期为1～2周。

【临床症状】 发病雏鸡临床症状较明显，最初表现精神沉郁、羽毛松乱、步态不稳，继而发生运动失调、两腿瘫痪、不能站立，驱赶时则用膝部行走或倒卧一侧。头和颈部发生震颤，人工刺激时可诱发震颤症状。此时，病鸡采食与饮水明显减少，最后衰竭死亡。

1月龄以上的鸡群感染后，症状不明显。育成鸡感染后，有时眼睛会发生白内障而导致失明。成年鸡在产蛋期感染后，只表现短时间内的产蛋量下降，随后逐渐恢复。

【病理变化】 雏鸡的唯一变化是腺胃的肌肉层有白色小病灶，成年鸡则无此变化。

【诊　断】 确诊本病主要采用病原学检查，如病毒分离和鉴定。也可采用血清学检查，如病毒中和试验、琼脂扩散试验等。

二十八、鸡传染性鼻炎

【病　原】 传染性鼻炎是由鸡嗜血杆菌所引起的鸡的急性呼吸道传染病。主要症状为鼻腔与窦发炎，面部肿胀，流水样鼻液，打喷嚏。本病发病率高，传播迅速，易与慢性呼吸道病混合感染。产蛋鸡产蛋率可下降10%～40%，经济损失很大。

【流行病学特点】 各种年龄、品种的鸡均可发生，其他家禽均不感染，8～12周龄鸡最易感。病鸡及隐性带菌鸡是传染源，慢性病鸡及隐性带菌鸡是导致鸡群中发生本病的重要原因。其传播途径主要是吸入了含有病菌的飞沫经呼吸道传染，也可通过污染的饲料、饮水和用具等经消化道传染。本病特点是潜伏期短，来势猛，传播快。本病多发于冬秋、初春时节。鸡群密度过大、拥挤，鸡舍寒冷、潮湿、通风不良，维生素A缺乏，寄生虫感染等，均可促使本病的发生和流行。

【临床症状】 本病的特征是发生潜伏期短的鼻炎。病的损害在鼻腔和窦，发生炎症者常仅表现鼻腔流稀薄清液，常不引人注意。一般常见症状为鼻孔先流出清液以后转为浆液黏性分泌物，有时打喷嚏。颜面部肿胀或显示水肿，眼结膜炎，眼睑肿胀。食欲及饮水减少，或有腹泻。仔鸡生长不良，母鸡产蛋量减少，公鸡肉髯肿大。炎症蔓延至下呼吸道，则呼吸困难，有啰音。转为慢性和其他疾病，则鸡群中发出一种污浊的恶臭。本病初期死亡率低，恢复期死亡率增高。

【病理变化】 鼻腔和窦黏膜呈急性卡他性炎，黏膜充血、肿胀，表面覆有大量黏液，窦内有渗出物凝块，后成为干酪样坏死物。常见卡他性结膜炎，结膜充血、肿胀。颜面部及肉髯皮下水肿。严重时可见气管黏膜炎症，偶有肺炎及气囊炎。

【诊　断】 确诊本病常采用病原学检查（如病原分离、鉴定）和血清学检查（如补体结合试验、琼脂扩散试验、间接血凝试验及直接荧光抗体技术）等。

二十九、禽结核病

【病　原】 禽结核病是由禽结核杆菌引起的一种禽的慢性传染病。本病一旦传入鸡群即可长期存在，使鸡失去饲养价值，产蛋量减少，最终死亡。

【流行病学特点】 家禽中以鸡的易感染性最高，火鸡、鸭、鹅等也能感染，但不严重。结核病主要通过呼吸道和消化道传染，也可通过皮肤创伤发生感染。若卵巢或输卵管有病灶时，也可使鸡蛋带菌传播。饲养管理条件差和禽群密度大是本病发生的主要诱因。

【临床症状】 结核病的特点是病情发展缓慢。病初看不到任何症状，待病情进一步发展后可见病鸡精神沉郁，体重进行性减轻，肌肉萎缩，以胸肌最明显，胸骨突出如刀状，脂肪消失，鸡冠和肉髯苍白、贫血。若肠道有结核病灶时，则粪便稀或腹泻，病鸡长期进行性消瘦，最后衰竭而死亡。

关节和骨发生结核病时，则鸡跛行或翅下垂。肝有病灶时则出现黄疸症状。脑膜结核可出现呕吐、兴奋或抑制等神经症状。肺有结核病灶则咳嗽和呼吸次数增加。

【病理变化】 病变常见于肝、脾、肺和肠等处。主要特征为在内脏器官上出现不规则的浅灰黄色结节，结节大小、数量不一，微突起于器官表面，使内脏器官肿大1～2倍。切开结节后，可见结节外面有一层纤维组织性包膜，内有黄白色干酪样物质，通常不发生钙化。在骨骼、卵巢、睾丸、胸腺和腹膜等部位也可见到结节。

【诊　断】 本病确诊常采用病原检查，如涂片镜检、细菌分离和鉴定；结核菌素试验；血清学诊断，如全血快速平板凝集反应等。

三十、禽伤寒

【病　原】 禽伤寒是由鸡伤寒沙门氏菌引起的，主要发生于鸡，也可感染火鸡、鸭、孔雀等鸟类，但野鸡、鹅、鸽不易感。一般呈散发性。

【临床症状】 在年龄较大的鸡和成年鸡，急性经过者突然停食，精神委顿，排黄绿色稀便，羽毛松乱，冠和肉垂贫血、苍白而皱缩。体温上升1℃～3℃。病鸡通常在5～10天死亡。

【病理变化】 病程稍长的可见有肝、脾和肾充血、肿大。在亚急性及慢性病例，特征性病变是肝肿大呈青铜色。此外，肝和心肌有灰白色粟粒状坏死灶、心包炎。公鸡睾丸可存在病灶。

小鸡的肺、心和肌胃有时可见灰白色小病灶，与鸡白痢相似。

雏鸭感染时，见心包膜出血，脾轻度肿大，肺及肠呈卡他性炎症。成年鸭感染后，卵巢和卵黄有变化，与发病的成年母鸡症状类似。

【诊　断】 本病确诊主要采用涂片镜检、平板凝集反应等方法。

附录一　官方兽医知识问答

第一部分　动物卫生监督知识

一、动物卫生监督管理

1. 动物卫生监督所的职能有哪些?

答:《动物防疫法》赋予职能,负责动物、动物产品的检疫工作和其他有关动物防疫的监督管理执法工作。

2.《动物防疫法》上说的动物是指什么?

答:动物是指家畜、家禽和人工饲养、合法捕获的其他动物。家畜指马、骡、驴、牛、羊、猪、骆驼、鹿、兔、犬等,家禽包括鸡、火鸡、鸭、鹅、鸽子等。人工饲养、合法捕获的其他动物指各种实验动物、特种经济动物、观赏动物、演艺动物、伴侣动物、水生动物以及人工驯养繁殖的野生动物。

3.《动物防疫法》上说的动物产品有哪些?

答:动物产品是指来自动物,供人食用、饲料用、药用、农用或工业用的产品。包括肉、生皮、原毛、绒、脏器、脂肪、血液、精液、卵、胚胎、骨、蹄、头、角、筋及可能传播动物疫病的奶、蛋等。

4. 禁止经营的动物及动物产品有哪些?

答:禁止屠宰、经营、运输、贮藏、加工的动物及动物产品有:①封锁区内与发生动物疫病有关的;②疫区内易感的;③依法应当检疫而未经检疫或检疫不合格的;④染疫或疑似染疫的;⑤病死或死因不明的;⑥其他不符合国务院兽医主管部门有关动物防疫规定的。

5. 什么是官方兽医？

答：官方兽医是指具备规定的资格条件并经兽医主管部门任命的，负责出具检疫证明等的国家兽医工作人员。

6. 什么样的动物要佩戴畜禽标识？

答：《动物防疫法》第十四条规定，经强制免疫的动物，应当按照国务院兽医主管部门的规定建立免疫档案，加施畜禽标识，实施可追溯管理。目前主要在猪、牛、羊上佩戴畜禽标识。

7. 给动物加施畜禽标识的意义有哪些？

答：加施畜禽标识的意义在于实施可追溯管理。每个畜禽标识记载了该动物饲养地及强制免疫等相关信息，无论运到什么地方，只要通过识读器便可知该动物的相关信息，实现对动物疫病可追溯，其目的在于：能有效地预防、控制、扑灭动物疫病，为动物检疫提供相关信息数据，保障动物食品安全；有利于动物疫病的检测、控制和消灭，为建立全国性有效的动物疫病应急反应机制提供技术上的保证；有利于及时追溯疫源，迅速防控动物疫病，阻止疫情扩散，减少经济损失；有利于动物源性食品从生产到消费的全程监管。

8. 动物防疫活动的范围是什么？

答：动物防疫包括有关单位和个人在动物饲养、经营、屠宰、加工、贮藏、运输等环节中预防、控制、扑灭动物疫病的各种活动，涉及社会生产、生活的各个方面。因此，从事这类活动的有关单位和个人均应遵守《动物防疫法》的各项规定。

9. 我国对动物疫病实行的方针是什么？

答：《动物防疫法》第五条规定，国家对动物疫病实行预防为主的方针。

10. "中国动物卫生监督网"的网站地址是什么？

答：中国动物卫生监督网是动物卫生监督执法的一个综合平台，连接全国动物卫生监督执法的县、市、省以及中国动物疫病预防控制中心，网站地址 www.cahi.gov.cn 或者 www.cahi.org.cn。

11.“中国动物卫生监督网”由几个层次组成？

答：“中国动物卫生监督网”由3个层次组成：第一层是公众网——任何人均可浏览，对社会公众公开，不需要登录，作为信息发布的平台，提供综合服务。第二层是内网——检疫监督内部人员浏览，需要使用账号密码登录，作为对内信息发布、中央和基层交流平台。第三层是核心网——省级、市级、县级填报和审批动物卫生监督年报和月报；全国动物卫生监督机构间的文件传报；对社会、公众发布信息、回复咨询。需通过账号密码、密钥双重身份验证，保证系统登录安全。

12.“中国动物卫生监督网”公众网的主要栏目有哪些？

答：主要栏目有信息要闻、行政公告、法律法规、国际动态、省市动态、知识窗、政务公开、咨询台等，栏目内容由中央统一维护。

13. 如何查阅检疫监督相关的国家法律、部门法规、行业标准？

答：在“中国动物卫生监督网”公众网中就可以查到检疫监督相关的国家法律、部门法规、行业标准。

二、管理相对人的法定义务

14. 饲养动物的单位和个人要承担哪些法定义务？

答：根据《动物防疫法》的规定，饲养动物的单位和个人要承担的法定义务主要有以下几个方面。

(1)依法履行牲畜口蹄疫、高致病性禽流感、高致病性猪蓝耳病、猪瘟等动物疫病强制免疫义务，并按照兽医部门的规定建立免疫档案，加施畜禽标识。

(2)发现动物疫情，及时向兽医部门报告的义务，不得发布动物疫情。

(3)按照兽医部门的规定对病死或者死因不明的动物尸体及

其排泄物、垫料、包装物、容器等污染物进行无害化处理的义务。

(4)遵守兽医部门依法做出的有关控制、扑灭动物疫病的规定,配合兽医部门关于动物防疫、监督检查等工作的义务。

(5)开办养殖场要取得兽医部门颁发的《动物防疫条件合格证》。

(6)销售或屠宰、运输动物前要向当地动物卫生监督所申报检疫。

15. 养殖场如何办理动物防疫条件合格证?不办理将如何处理?

答:首先,应向县级以上兽医主管部门提出申请,并附相关材料;其次,接受动物卫生监督所的现场审查,经审查合格,发给动物防疫条件合格证。

如果不办理动物防疫条件合格证,根据《动物防疫法》第七十七条规定,由动物卫生监督机构责令改正,处一千元以上一万元以下罚款;情节严重的,处一万元以上十万元以下罚款。

16. 从事动物养殖的单位和个人,不履行强制免疫义务将如何处理?

答:根据《动物防疫法》第七十三条规定,由动物卫生监督机构责令改正,给予警告;拒不改正的,由动物卫生监督机构代作处理,所需处理费用由违法行为人承担,可以处一千元以下罚款。

17. 如何理解《动物防疫法》第七十三条规定中关于由动物卫生监督机构代作处理的问题?

答:动物防疫法第七十三条规定:违反本法规定,有下列行为之一的,由动物卫生监督机构责令改正,给予警告;拒不改正的,由动物卫生监督机构代作处理,所需处理费用由违法行为人承担,可以处一千元以下罚款:①对饲养的动物不按照动物疫病强制免疫计划进行免疫接种的;②种用、乳用动物未经检测或者经检测不合格而不按照规定处理的;③动物、动物产品的运载工具在装载前和卸载后没有及时清洗、消毒的。

“代作处理”，在法律上属于行政强制，即代作处理的事项往往影响公共利益、公共安全，因而法律上要求该义务必须履行；如果未履行，通过国家强制力使该义务得以履行。“代作处理”并不是要求动物卫生监督机构的执法人员亲自去实施，可以亲自实施，也可以委托符合条件的人实施。代作处理所需处理费用由违法行为人承担。

18. 销售、收购未加施标识的畜禽，要承担什么法律责任？

答：根据《畜牧法》规定，销售、收购国务院畜牧兽医主管部门规定应当加施标识而没有标识的畜禽的，由县级以上地方人民政府畜牧兽医主管部门或者工商行政管理部门责令改正，可以处二千元以下罚款。

19. 养殖户不履行动物疫情报告义务的，要承担什么法律责任？

答：根据《动物防疫法》第八十三条规定，由动物卫生监督机构责令改正；拒不改正的，对违法行为单位处一千元以上一万元以下罚款，对违法行为个人可以处五百元以下罚款。

20. 养殖户拒绝兽医部门开展疫病检测、监测等相关工作，要承担什么法律责任？

答：根据《动物防疫法》第八十三条规定，由动物卫生监督机构责令改正；拒不改正的，对违法行为单位处一千元以上一万元以下罚款，对违法行为个人可以处五百元以下罚款。

21. 什么人不得从事动物生产经营活动？

答：《动物防疫法》第二十三条规定：患有人畜共患传染病的人员，不得直接从事动物诊疗以及易感动物的饲养、屠宰、经营、隔离、运输等活动。

22. 无动物诊疗许可证从事动物诊疗活动将受到如何处理？

答：根据《动物防疫法》第八十一条规定，违法从事动物诊疗活动将根据情况做出不同处罚。

(1)无证经营的,没收违法所得;违法所得在三万元以上的,处违法所得一倍以上三倍以下的罚款;没有违法所得或违法所得不足三万元的,处三千元以上三万元以下罚款。

(2)动物诊疗机构违反规定造成动物疫病扩散的,处一万元以上五万元以下罚款;情节严重的,吊销动物诊疗许可证。

23. 无执业兽医资格行医会有什么后果?

答:这属于违法行医。根据《动物防疫法》第八十二条规定,未经兽医执业注册(即无执业兽医资格)从事动物诊疗活动的,由动物卫生监督机构责令停止动物诊疗活动,没收违法所得,并视情节轻重处一千元以上一万元以下罚款。

24. 从事动物产品的生产、经营、加工或贮藏的单位和个人,应履行什么义务?

答:根据《动物防疫法》第八十三条规定,应履行如下义务:①发现染疫动物产品的,履行报告义务;②如实提供与动物防疫活动有关的资料;③接受动物卫生监督机构进行监督检查;④接受动物疫病预防控制机构进行动物疫病监测、检测。

三、动物产地检疫

25. 销售动物及动物产品,需要办理什么手续?

答:销售动物及动物产品前,货主应当按规定向当地动物卫生监督机构申报检疫,经官方兽医检疫合格并出具检疫证明、加施检疫标志方可出售;需要运输的动物和动物产品,运载工具在装载前和卸载后应及时清洗消毒后方可运输。输入到无规定动物疫病区的动物,货主还应当向输入地动物卫生监督所重新申报检疫,经检疫合格后方可进入。

26. 出售或运输动物前为什么要检疫申报?

答:《动物防疫法》第四十二条规定,国家对检疫工作实行申报检疫制度。目的在于：①有利于动物卫生监督机构预知动物、动物产品移动的时间、流向、种类、数量等情况，便于提前准备，并合理安排布置检疫具体事宜，及时完成检疫任务。②确保经营者按时交易，有利于促进商品流通。③确保检疫工作科学实施，质量到位。

27. 参加展览、演出和比赛的动物需要持有《动物检疫合格证明》吗？

答：需要。《动物防疫法》第四十三条规定，屠宰、经营、运输以及参加展览、演出和比赛的动物，应当附有检疫证明。否则由动物卫生监督机构责令改正，进行补检；拒不改正的，处一千元以上三千元以下罚款。

28. 人工捕获的野生动物可以饲养吗？

答：合法捕获的野生动物应在 3 天内向捕获地的县级动物卫生监督机构申报检疫，经检疫合格后，方可饲养。

29. 在什么情况下，需要办理动物检疫审批手续？

答：以下情况需要办理检疫审批手续：跨省、自治区、直辖市引进乳用动物、种用动物及其精液、胚胎、种蛋的，应向输入地动物卫生监督机构申请办理审批手续，合法取得检疫证明。到达输入地应按规定对引进动物进行隔离观察。

30. 动物出栏前的检疫都有哪些项目？

答：农业部出台的《动物检疫管理办法》上列出动物产地检疫出证条件有 5 条：一是来自非封锁区或者未发生相关动物疫情的饲养场（户）；二是按照国家规定进行了强制免疫，并在有效保护期内；三是临床检查健康；四是农业部规定需要进行疫病检测的，检测结果符合要求；五是养殖档案相关记录和畜禽标识符合农业部规定。如是乳用、种用动物和宠物，还应当符合农业部规定的健康标准。

31. 为什么要实施动物检疫?

答:其根本目的是为了防止动物传染病、寄生虫病及其他有害生物的传入、传出,控制和扑灭动物疫病,保护养殖业的发展和人体健康。

32. 检疫是公益行为吗?

答:动物检疫是非盈利的公益行为,属于政府的行政行为。

33. 动物检疫由谁来实施?

答:各级动物卫生监督机构是实施动物、动物产品检疫的唯一主体。

34. 饲养的动物可以不接受动物检疫吗?

答:动物检疫不是一项可做可不做,或愿做不愿做的工作,而是一项非做不可的工作。凡拒绝、阻挠、逃避、抗拒动物检疫的,都属于违法行为,都将受到法律制裁。《动物检疫管理办法》规定,出售、运输或供屠宰、继续饲养的动物在离开饲养地前都要按规定时限向所在地动物卫生监督机构申报检疫。

35. 什么是强制免疫?

答:强制免疫是指国家对严重危害养殖业生产和人体健康的动物疫病,采取制定强制免疫计划,确定免疫用生物制品和免疫程序,以及对免疫效果进行监测等一系列预防控制动物疫病的强制性措施,以达到有计划分步骤地预防、控制、扑灭动物疫病的目的。强制免疫属于国家统一的防疫政策。

36. 饲养户所饲养的动物不接受强制免疫会怎么样?

答:根据《动物防疫法》第七十三条规定,由动物卫生监督机构责令改正,给予警告;拒不改正的,由动物卫生监督机构代作处理,所需处理费用由违法行为人承担,可以处一千元以下罚款。

37. 饲养的动物经检疫不合格怎么办?

答:饲养的动物经检疫不合格,需按动物卫生监督机构出具的《检疫处理通知单》进行相应处理。诊断患普通动物疫病的需要在治疗痊愈后再申报检疫。诊断有一类动物疫病或人畜共患病的要立即进行隔离,并按国家有关规定进行处理。

38. 饲养户饲养的动物卖给邻居,需要检疫吗?

答:需要。《动物防疫法》第四十二条规定出售动物前货主应当按照国务院兽医主管部门的规定向当地动物卫生监督机构申报检疫。

39. 什么是动物检疫?

答:动物检疫是指为了预防、控制动物疫病,防止动物疫病的传播、扩散和流行,保护养殖业生产和人体健康,由法定的机构、法定的人员,依照法定的检疫项目、标准和方法,对动物、动物产品进行检查、定性和处理的一项带有强制性的技术行政措施。

40. 饲养的动物用于出售,临卖之前申报检疫就可以吗?

答:不可以,出售、运输的动物应当提前3天申报检疫,出售、运输乳用、种用动物以及参加展览、演出和比赛的动物,应提前15天申报检疫。

41. 动物产品的检疫合格证明如何获得?

答:对于出售、运输的种用动物精液、卵、胚胎、种蛋,经检疫符合下列条件,由官方兽医出具《动物检疫合格证明》。

(1)来自非封锁区,或者未发生相关动物疫情的种用动物饲养场。

(2)供体动物按照国家规定进行了强制免疫,并在有效保护期内。

(3)供体动物符合动物健康标准。

(4)农业部规定需要进行实验室疫病检测的,检测结果符合要求。

(5)供体动物的养殖档案相关记录和畜禽标识符合农业部规定。

对于出售、运输的骨、角、生皮、原毛、绒等产品,经检疫符合下列条件,由官方兽医出具《动物检疫合格证明》。

(1)来自非封锁区,或者未发生相关动物疫情的饲养场(户)。

(2)按有关规定消毒合格。

(3)农业部规定需要进行实验室疫病检测的,检测结果符合要求。

42. 从事动物及动物产品运输,需要哪些条件?

答:从事动物及动物产品运输的,货主应取得检疫证明,承运人的运载工具在装载前和卸载后应及时清洗、消毒;输入到无规定动物疫病区的动物,货主还应当向当地动物卫生监督所申报检疫,经检疫合格后方可进入;经铁路、公路、水路、航空运输动物和动物产品的,托运人托运时应当提供检疫证明,没有检疫证明的承运人不得承运。

43. 开办养殖场需要哪些动物防疫条件?

答:①场所的位置与居民区、生活饮用水源地、学校、医院等公共场所的距离符合国务院兽医主管部门规定的标准;②生产区封闭隔离,工程设计和工艺流程符合动物防疫要求;③有相应的污水、污物、病死动物、染疫动物产品的无害化处理设施、设备和消毒清洗设施、设备;④有为其服务的动物防疫技术人员;⑤有完善的动物防疫制度;⑥具备国务院兽医主管部门规定的其他动物防疫条件。

44. 自宰的猪肉能卖吗?

答:不能。国家实行生猪定点屠宰、集中检疫制度。自宰的猪肉只能用于自食,不能进行出售。

45. 哪些动物产品必须销毁?

答:凡患有炭疽、鼻疽、牛瘟、恶性水肿、气肿疽、狂犬病、羊快疫、羊肠毒血症、马流行性淋巴管炎、马传染性贫血等恶性传染病动物产品,以及严重病变组织、甲状腺、肾上腺、病变淋巴组织等有害腺体必须采取销毁处理。

46. 什么情况属于没有动物检疫合格证明?

答:以下几种情况均属于没有检疫证明:①未经检疫而未取得检疫证明;②虽经检疫但检疫证明已过期失效;③检疫证明是伪造的。

47. 可以用过期的动物检疫合格证明直接换新的有效的检疫合格证明么?

答:不可以。必须重新向所在地县级动物卫生监督机构申报检疫。

48. 畜禽标识上的数字是什么意思?

答:数字共15位,由动物种类+区划编码+标识顺序号组成。其中,第一位表示畜种(1猪、2牛、3羊),第二至第七位为区划代码(邮政编码),第八至第十五位为唯一顺序编码。

49. 屠宰场出售猪血,需要检疫合格证明吗?

答:需要。《动物防疫法》第三条规定,本法所称动物产品,是指动物的肉、生皮、原毛、绒、脏器、脂肪、血液、精液、卵、胚胎、骨、蹄、头、角、筋以及可能传播动物疫病的奶、蛋等。因此,猪血属于动物产品,应附有《动物检疫合格证明》。

50. 从外省购仔猪需要注意些什么?

答:一是要到政府有关部门开办的正规仔猪交易市场选购。二是在选购时要了解清楚动物免疫情况,并查看《动物检疫合格证明》。三是运输过程中要注意防寒、保暖等,以免应激性死亡。四是到达目的地后按规定应在24小时内向所在地县级动物卫生监督机构报告,并接受监督检查。五是不要立即混群饲养,要单独饲养至少2周后再混群。

51. 检疫需进行实验室检测时,可以由养殖户自行寻找实验室进行检测吗?

答:不可以。检疫规程明确规定实验室检测须由动物卫生监督机构指定的具有资质的实验室进行。

52. 申报检疫时动物卫生监督机构可能不受理的原因有哪

些？

答：动物卫生监督机构在接到检疫申报后，应根据所辖区域、检疫范围是否处于封锁区等情况决定是否予以受理。因此，若动物不在动物卫生监督机构的管辖区域，或超出规定的检疫范围，或该区域发生相关动物疫情处于封锁区，均会出现不受理检疫申报的情况。

53. 一般动物产地检疫的实施由几部分组成？

答：动物产地检疫的完整实施需要以下五部分：①饲养户申报检疫，动物卫生监督机构受理申报；②官方兽医实施现场检疫，查验相关养殖资料并进行临床检查，必要时进行实验室检测；③官方兽医对于检疫合格的动物出具《动物检疫合格证明》，不合格的出具《动物检疫处理通知单》，并监督货主进行相应处理；④动物卫生监督机构做好申报检疫及检疫的各项记录。

四、动物屠宰检疫

54. 什么是动物屠宰检疫？

答：屠宰检疫是动物卫生监督机构的官方兽医，采用法定的检疫程序和方法，依照法定的检疫对象和检疫标准，对即将屠宰、屠宰过程中的动物，以及动物胴体进行疫病检查、定性和处理的技术处理过程，是政府行为。

55. 屠宰检疫有哪些环节？

答：根据《动物检疫管理办法》第二十二条的规定，可分为以下环节：①进场的查证验物环节。官方兽医应当查验进场动物附具的《动物检疫合格证明》和佩戴的畜禽标识，观察动物健康状况。②宰前检查环节。检查待宰动物健康状况，对疑似染疫的动物进行隔离观察。③屠宰同步检查环节。在动物屠宰过程中实施全流程同步检疫和必要的实验室疫病检测。

56. 在生猪的屠宰检疫中，必检哪些部位？

答:头部、心脏、肺脏、脾脏、肝脏、肾脏、胃肠和胴体。

57. 在生猪屠宰检疫中,必检哪些淋巴结?

答:头部的颌下淋巴结,内脏的肝门淋巴结、肠系膜淋巴结,胴体的肩前淋巴结、腹股沟浅淋巴结。

58. 屠宰检疫的结果处理有哪几种?

答:2种。经检疫合格的,由官方兽医出具《动物检疫合格证明》;经检疫不合格的,由官方兽医出具《动物检疫处理通知单》,按国家相关规定进行处理。

59. 回收的《动物检疫合格证明》应该保存多长时间?

答:根据《动物检疫管理办法》第二十五条规定,应当保存12个月以上。

60. 为什么牛和羊的屠宰检疫记录要保存10年以上?

答:因为疯牛病和痒病潜伏期很长,我国目前虽然还没有这两种病,但为防患于未然,便于追根溯源,因此屠宰检疫记录保存时间要长。

61. 买肉时应注意什么?

答:①要到农贸市场肉品专卖摊上去买;②要看经营者有无《动物检疫合格证明》;③要看肉品有无检疫印章和检疫证;④要看肉品是否新鲜。千万莫买送上门的便宜肉、零块肉和死猪肉。

62. 没有《防疫条件合格证》如何处罚?

答:根据《动物防疫法》第七十七条规定,由动物卫生监督机构责令改正,处一千元以上一万元以下罚款;情节严重的,处一万元以上十万元以下罚款。

63. 动物屠宰场如何办理《动物防疫条件合格证》?

答:首先,应向县级以上兽医主管部门提出申请,并附相关材料;其次,接受动物卫生监督所的现场审查,经审查合格,发给《动物防疫条件合格证》。

64. 检疫的合格肉应具备哪些标识?

答：检疫合格的肉品本身应该有检疫验讫印章或者其他检疫标志，并附有《动物检疫合格证明》。

65. 屠宰动物时的副产品（骨、角、生皮、原毛、绒），需要达到哪些要求才能出具《动物检疫合格证明》？

答：根据《动物检疫管理办法》第二十三条的规定，在供体动物满足普通动物产品检疫合格标准的基础上，骨、角、生皮、原毛、绒，还要满足以下3点要求：①来自非封锁区，或者未发生相关动物疫情的饲养场（户）；②按有关规定消毒合格；③农业部规定需要进行实验室疫病检测的，检测结果符合要求。

66. 检疫合格的动物产品到达目的地后，是否可以直接在当地分销？

答：不可以。根据《动物检疫管理办法》第二十六条的规定，此时货主应该向输入地动物卫生监督机构申请换证，即将此批动物产品的《动物检疫合格证明》换为与分销产品数量相符的数份《动物检疫合格证明》之后，方可进行分销。

67. 检疫合格的动物产品到达目的地，贮藏后是否能够直接调运或者分销？

答：不能。根据《动物检疫管理办法》第二十七条的规定，这时货主可以向输入地动物卫生监督机构重新申报检疫。输入地县级以上动物卫生监督机构对符合条件的动物产品，出具《动物检疫合格证明》。

68. 为什么炭疽动物不允许剖检？

答：炭疽动物体内常有大量菌体，剖检时若处理不当，这些菌体可感染人，且可形成大量有强大抵抗力的芽孢污染土壤、水源、牧地，成为长久的疫源地，因此炭疽动物严禁剖检。

69. 生猪定点屠宰厂（场）应当具备怎样的条件？

答：根据《生猪屠宰管理条例》第八条规定，应具备以下条件：①有与屠宰规模相适应、水质符合国家规定标准的水源条件；②有符合国家规定要求的待宰间、屠宰间、急宰间以及生猪屠宰设备和运载工具；③有依法取得健康证明的屠宰技术人员；④有经考核合格的肉品品质检验人员；⑤有符合国家规定要求的检验设备、消毒设施以及符合环境保护要求的污染防治设施；⑥有病害生猪及生猪产品无害化处理设施；⑦依法取得动物防疫条件合格证。

五、监督处理

70.何谓转让检疫证明、检疫标志或畜禽标识？

答：是指行为人将合法获得的检疫证明、检疫标志和畜禽标识，有偿或无偿转让给他人，使他人达到逃避检疫的目的，这是扰乱检疫秩序的违法行为。

71. 何谓伪造检疫证明、检疫标志或畜禽标识？

答：是指未经国家兽医主管部门的批准，仿制法定检疫证明、检疫标志和畜禽标识的式样，以假充真的违法行为。

72. 何谓变造检疫证明、检疫标志或畜禽标识？

答：是指以剪贴、挖补、涂改、拼接等方法，更改检疫证明、检疫标志和畜禽标识已有的项目和内容，如改变动物、动物产品的名称、数量、签发日期等，是违法行为。

73. 转让、伪造、变造检疫证明、检疫标志或者畜禽标识的违法行为如何处罚？

答：根据《动物防疫法》第七十九条规定，对转让、伪造、变造检疫证明、检疫标志或者畜禽标识的单位和个人均要进行处罚。由动物卫生监督机构没收违法所得，收缴违法检疫证明、检疫标志或者畜禽标识，并处三千元以上三万元以下罚款。

74. 发现官方兽医未对动物或动物产品进行检疫及开具《动物检疫合格证明》的，如何处理？

答：首先要有充分的证据，包括人证、物证、照片证据、书面材料证明等。在证据充分的前提下，可向当地县级兽医主管部门进行举报，也可向上级部门直至农业部进行举报。举报时要留下真实姓名和联系方式，并提交举报证据。

75. 何谓藏匿、转移、盗掘已被依法隔离、封存、处理的动物和动物产品？

答：藏匿是指将有关动物、动物产品在原场所隐藏起来，以逃避依法采取的处理措施。转移是指将有关动物、动物产品移至其他地方，以逃避依法采取的处理措施。盗掘是指将已被扑杀、深埋的动物、动物产品私自挖掘出来，自食或出售。以上都属违法行为，会造成疫情处理的不彻底，极易引发动物疫情扩散或食品安全隐患。

76. 对藏匿、转移、盗掘已被依法隔离、封存、处理的动物和动物产品的违法行为如何处罚？

答：按照《动物防疫法》第八十条的规定，由动物卫生监督所对违法行为人责令改正，处一千元以上一万元以下的罚款。

77. 销售没有《动物检疫合格证明》的动物要负什么法律责任？

答：根据《动物防疫法》第七十八条规定，屠宰、经营、运输的动物未附有《动物检疫合格证明》，经营和运输的动物产品未附有《动物检疫合格证明》、检疫标志的，由动物卫生监督机构责令改正，处同类检疫合格动物、动物产品货值金额百分之十以上百分之五十以下罚款；对货主以外的承运人处运输费用一倍以上三倍以下罚款。

78. 养殖户不依法接受动物卫生监督所的监督检查，要承担什么法律责任？

答：根据《动物防疫法》第八十三条规定，由动物卫生监督机构依法责令改正，拒不改正的，对违法行为单位处一千元以上一万元以下罚款，对违法行为个人可以处五百元以下罚款。

79. 什么是无害化处理？

答：是指通过用焚毁、化制、掩埋或其他物理、化学、生物学等方法将病害动物尸体和病害动物产品或附属物进行处理，以彻底消灭其所携带的病原体，达到消除病害因素，保障人、畜健康安全的目的。

80. 常用消毒药品的种类及其作用有哪些？

答：①苯酚（酚、石炭酸）。用于处理污物、用具和器械，并可用于消毒车辆、墙壁、运动场及畜禽圈舍。②煤酚（甲酚）。主要用于畜舍、用具和排泄物的消毒，同时也用于手术前洗手和皮肤的消毒。③复合酚。主要用于畜禽圈舍、栏、笼具、饲养场地、排泄物等的消毒。④乙醇（酒精）。主要用于皮肤及器械消毒。⑤40%甲醛溶液。用于圈舍、用具、皮毛、仓库、实验室、衣物、器械、房舍等的消毒，并能处理排泄物。⑥无机酸。盐酸常用来消毒污染炭疽芽孢的皮张。⑦乳酸和醋酸。适于消毒空气，能杀灭流感、流行性乙型脑炎病毒及某些革兰氏阳性菌。⑧草酸和甲酸（蚁酸）。用于消毒被口蹄疫和其他传染病污染的房舍。⑨氢氧化钠（苛性钠、烧碱）。主要用于消毒畜禽厩舍，也用于肉联厂、食品厂车间、奶牛场等的地面、饲槽、台板、木制刀具、运输畜禽的车船等的消毒。⑩氧化钙（生石灰）。用于畜禽圈舍墙壁、畜栏、地面、阴湿地面、粪池周围及污水沟等的消毒。⑪草木灰。适用于消毒被污染的畜舍、禽舍、饲槽和场地。⑫含氯石灰（漂白粉）。主要用于畜禽圈舍、畜栏、笼架、饲槽及车辆等的消毒；在食品厂、肉联厂常用其在操作前或日常消毒中消毒设备、工作台面等。⑬次氯酸钠溶液。常用作水源和食品加工厂的器皿消毒。⑭二氯异氰尿酸钠。可用于水、圈舍、畜禽粪便等的消毒。⑮三氯异氰尿酸钠。常用作环境消毒、带鸡消毒、带猪消毒、饮水消毒。⑯过氧乙酸。可用于畜牧场、屠宰场、实验室、无菌室、圈舍、仓库、屠宰加工车间、运载工具等的空气消毒；用于带鸡消毒；还可用于室内的熏蒸消毒。⑰新洁尔灭。用于畜禽场的用具和种蛋消毒。⑱度米芬。用于器械、用具、设备的消毒。⑲络合碘(碘伏)。可用于新城疫、鸡传染性法氏囊病的预防和紧急消毒,可带鸡喷雾,也可用于畜禽圈舍环境、用具的喷雾消毒。⑳洗必泰。多用于洗手消毒、皮肤消毒、创伤冲洗,也可用于畜禽圈舍、器具设备的消毒等。㉑环氧乙烷。适用于精密仪器、手术器械、生物制品、皮革、裘皮、羊毛、橡胶制品、塑料制品、饲料等忌热、忌湿物品的消毒,也可用于仓库、实验室、无菌室等的空间消毒。

81. 在什么情况下,动物卫生监督机构可以对动物产品进行封存留验?

答:根据《动物防疫法》第五十九条规定,动物卫生监督机构在执行监督检查任务时,对疑似染疫动物和动物产品,以及需做进一步检验的动物及其产品,可以按规定对其进行采样、留验、抽检。

82. 在什么情况下,要对动物进行隔离观察?

答:出现以下情况时,需要对动物进行隔离观察:一是在饲养、经营的动物群体中,发现有明显疫病症状的动物。二是在饲养、经营的动物群体中,发现虽无明显疫病症状,但发热或经疫病检测为阳性的动物。三是从国外引进的动物。四是进入无规定动物疫病区的动物。五是国家规定其他需要进行隔离观察的动物。

83. 经检疫不合格的动物和动物产品如何处理?

答:根据《动物防疫法》第四十八条规定,经检疫不合格的动物和动物产品,货主应当在动物卫生监督机构监督下按照兽医主管部门的规定进行无害化处理,处理费用由货主承担。

84. 经营动物、动物产品的集贸市场需要什么条件?

答:经营动物、动物产品的集贸市场虽然无须申请《动物防疫合格证》,但这些单位应当具备兽医部门规定的动物防疫条件,才能从事相关经营活动。这些条件包括:①选址、布局、设计、建筑设施、设备符合动物防疫要求;②有患病动物隔离间和污水、污物、粪便处理设施;③有无害化处理和清洗消毒设备、设施;④有采购动物产品检疫情况登记等健全的防疫制度，并由动物卫生监督机构进行审查核实，同时必须接受动物卫生监督机构的监督检查。

85. 从事动物及动物产品运输，需要办理什么手续？

答：根据《动物防疫法》第四十三至第四十五条规定，从事动物及动物产品运输的，托运人应取得动物检疫合格证明，承运人的运载工具在装载前和卸载后应及时清洗、消毒。

输入到无规定动物疫病区的动物，货主还应当向输入地动物卫生监督所申报检疫，经检疫合格后方可进入。

经铁路、公路、水路、航空运输动物和动物产品的，托运人托运时应当提供检疫合格证明；没有检疫合格证明的承运人不得承运。

86. 动物、动物产品的运载工具、垫料、动物尸体及相关物品可随意处置吗？

答：根据《动物防疫法》第二十一条规定，动物、动物产品的运载工具、垫料、包装物、容器要符合动物防疫要求。对染疫动物及其排泄物，染疫动物产品、病死或死因不明的动物尸体，运载工具中的动物排泄物以及垫料、包装物、容器等污染物必须按照兽医主管部门的规定处理，不得随意处置。

87. 运输途中发现动物发病应如何处理？

答：既不能继续运输，也不能返回起运地。货主或承运人要立即向当地动物卫生监督所报告，并在原地等待处理。当地动物卫生监督所要立即派人到现场，了解情况并做出处理决定。

六、动物产品安全

88. 什么是“放心肉”？

答：按照《食品安全法》中对食品安全的定义，“放心肉”是指无毒、无害，符合应有的营养要求，对人体健康不造成任何急性、亚急性或者慢性危害的肉品。

89. 我国食品安全监管部门有哪些？各个部门的主要职责是

什么？

答：按照《食品安全法》第四条、第六条及相关资料规定，食品安全监管部门主要有：①国务院设立的食品安全委员会，其作为国务院食品安全工作的高层次议事协调机构，主要职责为分析食品安全形势，研究部署、统筹指导食品安全工作；提出食品安全监管的重大政策措施；督促落实食品安全监管责任。②国务院卫生行政部门，承担食品安全综合协调职责，负责食品安全风险评估、食品安全标准制定、食品安全信息公布、食品检验机构的资质认定条件和检验规范的制定，组织查处食品安全重大事故。③国务院质量监督、工商行政管理和国家食品药品监督管理部门，依照食品安全法和国务院规定的职责，分别对食品生产、食品流通、餐饮服务活动实施监督管理。④县级以上卫生行政、农业行政、质量监督、工商行政管理、食品药品监督管理部门，按照各自职责分工，依法行使职权，承担责任。

此外，《食品安全法》第七条、第八条提出，食品行业协会应当加强行业自律，引导食品生产经营者依法生产经营，推动行业诚信建设，宣传、普及食品安全知识。新闻媒体应当开展食品安全法律、法规以及食品安全标准和知识的公益宣传，并对违反本法的行为进行舆论监督。

90. 地方人民政府及有关部门在食品安全监管方面有哪些职责？

答：《食品安全法》第五条第一款规定，县级以上地方人民政府统一负责、领导、组织、协调本行政区域的食品安全监督管理工作，建立健全食品安全全程监督管理的工作机制；统一领导、指挥食品安全突发事件应对工作；完善、落实食品安全监督管理责任制，对食品安全监督管理部门进行评议、考核。

《食品安全法》第五条第二款、第三款规定，县级以上地方人民政府依照本法和国务院的规定，确定本级卫生行政、农业行政、质量监督、工商行政管理、食品药品监督管理部门的食品安全监督管理职责。有关部门在各自职责范围内负责本行政区域的食品安全监督管理工作。上级人民政府所属部门在下级行政区域设置的机构应当在所在地人民政府的统一组织、协调下，依法做好食品安全监督管理工作。

91. 食用私宰肉存在哪些问题？

答：私宰肉不经有关执法部门的任何监管便进入市场，没有经过检验检疫，很多带有病菌的肉品流入市场，甚至一些病死、毒死动物的肉品也通过"私宰"渠道进入市场销售，给人民群众的身体健康和生命安全造成极大危害。

92. 什么是白肌肉(PSE肉)？可以食用吗？

答：白肌肉是指肌肉色泽发白，质地松软，表面有液体渗出的猪肉。白肌肉胴体食用无害，营养成分变化不大，但口感较差，肌纤维较粗糙。

93. 盖章肉的章印是墨水吗？对人体有害吗？

答：屠宰验讫印章所用墨水是由可以食用的色素制成，对人体无害，可以食用。

94. 如何鉴别畜禽生鲜肉？

答：生鲜肉是指畜禽屠宰后经冷藏或排酸处理的肉类，此类肉表面有一层微干或微湿润的外膜，触摸时不黏手，肌肉呈现均匀的红色，有光泽；切断面稍湿、不黏手。脂肪洁白（牛、羊肉脂肪有时呈乳黄色）。肌肉富有弹性，指压后的凹陷能立即恢复，无异味。肉汤汁澄清透明，脂肪团聚于表面，具备特有的香味。

95. 如何鉴别变质肉？

答：肉的脂肪失去光泽，呈灰黄色甚至变为绿色，肌肉呈暗红色，外表黏手，切面潮湿，指压后凹陷不能立即恢复。煮沸后的肉汤浑浊，无鲜香的滋味，常带有油脂酸败或腐败的气味。

96. 如何识别注水肉？

答:注水肉瘦肉呈淡红色带白,有光泽,手摸瘦肉不黏手。新切面湿漉漉的,指压有水渗出,切割刀口内可见渗水。用吸水纸贴在被检的肉表面,直到贴纸被完全浸透揭下,用火柴点燃,如果不易燃烧或燃烧时有轻微的声响,不排除是注水肉。

97. 如何识别老母猪肉?

答:老母猪皮厚、多皱褶、毛囊粗,与肉结合不紧密,分层明显,手触有粗糙感。肉色暗红,肌纤维粗,纹理乱,水分少,用手按压无弹性,也无黏性。脂肪松弛,呈灰白色,手摸时手指沾的油脂少。母猪乳头长、硬、乳腺孔明显。

98. 如何辨别病、死猪肉?

答:由于猪病品种很多,各种病均有其特殊的病变。但一般来说,病猪肉一般具有以下一种或多种征象:皮肤大片或全身呈紫红色,或有红色斑块或多处红点,淋巴结肿大、出血,脂肪黄染,肉中有异物,或外观显著异常。

死猪肉的放血刀口切线平整,切面光滑无血液浸润,刀口不外翻,平整,周围组织稍有血液浸润。皮肤淤血,呈紫红色,脂肪呈灰红色,肌肉呈暗红色,无弹性。在较大的血管中充满黑色的凝血,切断后可挤出黑色血栓,有腐败气味。

99. 如何识别肉品的好坏?

答:优质肉品表面应清洁、干爽、完整、无污物,不应有水渗出或发黏,呈现畜禽肉的本身肉色,且色泽鲜明有光泽。如呈现橘红色、粉红色等明显区别于肉色的颜色,说明其有可能加入了人工合成的或过量的色素。用手按压肉品,应有一定的强度和弹性,用刀切薄片而不散,切面有光泽,无水渗出。品尝时口感正常,无异味。

100. 鲜鸡蛋的鉴别方法有哪些?

答:表面清洁无破损,有外蛋壳膜,蛋形正常,色泽鲜明。打开蛋后,蛋黄呈圆形凸起;蛋清浓厚、稀稠分明,系带粗白,紧贴蛋黄的两端。气室完整,且约小于 7 毫米。手摸有压手感。蛋与蛋相互碰撞声音清脆，手握蛋摇动无声。

101. 鲜牛奶的鉴别方法有哪些?

答:鲜牛奶呈乳白色或微黄色的均匀胶态流体，无沉淀、无凝块、无杂质，无淀粉感，无异味，具有新鲜牛奶固有的香味。将牛奶倒入杯中晃动，奶液易挂壁。滴一滴牛奶在玻璃上，乳滴呈圆形，不易流散。煮制后，无凝结和絮状物。

102. 如何选购安全的畜禽产品?

答:我们在选购畜禽产品时，可遵循以下原则:①到正规的超市或农贸市场购买。②购买有明确生产单位和生产日期的畜禽产品。③尽量购买有动物检疫合格证明、检疫标志、检疫标识、无公害或绿色标识的畜禽产品。

103. 在食用畜禽产品时有哪些注意事项?

答:在食用畜禽产品时，应注意以下几个问题。

(1)清洗　制作前要清洗，以保证产品的卫生。

(2)修整　修去淋巴结、淤血、异常色斑等。

(3)熟透　食用时要熟透，不食用未熟透的畜禽产品，即使是鸡蛋也应将蛋黄煮熟后食用。

(4)分开　生、熟要分开，避免交叉传染。

(5)保存　未食用完的畜禽产品应立即冷藏保存。

(6)加热　再次食用时应彻底加热，否则易引起食物中毒。

(7)放置　长时间放置(6 个月以上)的冷冻畜禽产品应慎用，因低温并不能完全阻止微生物的繁殖。

104. 如何鉴别牛肉的品质?

答:①色泽。优质鲜牛肉有光泽，红色均匀，脂肪洁白或呈淡黄色。次质鲜牛肉肌肉稍暗淡，切断面尚有光泽，脂肪缺乏光泽。②气味。优质鲜牛肉具有牛肉的正常气味，次质鲜牛肉稍有氨味或酸味。③黏度。优质鲜牛肉外表微干或有风干的膜，不黏手。次质鲜牛肉外表干燥或黏手，切断面上有湿润现象。④弹性。优质鲜牛肉用手指按压后的凹陷能完全恢复。次质鲜牛肉用手指按压后的凹陷恢复慢，且不能完全恢复到原状。

105. 各种肉类的鉴别方法有哪些？

答：各种肉类的鉴别方法如下。

(1)*猪肉*　肌肉有光泽，呈淡红色，纹理细腻，肉质紧密而柔软。脂肪洁白。

(2)*牛肉*　肉的颜色比猪肉深一些，呈深红色。肉的质地比猪肉硬一些。脂肪呈白色或奶油色，比猪肉的脂肪硬。

(3)*羊肉*　比猪肉的颜色深，肉质的颜色和硬度介于猪肉和牛肉之间。脂肪的熔点低，在同样的温度下比牛的脂肪还要硬。

(4)*马肉*　马肉的颜色呈暗红色，是肉品中颜色最深的。肉的质地比牛肉还要硬，筋也较多。脂肪较少，呈灰黄色。

(5)*驴肉*　肉的颜色、质地比马肉浅、软，肌纤维比马肉细。淋巴结呈灰白色。皮肌较硬。

106. 如何辨别"瘦肉精"猪肉？

答："瘦肉精"是一类动物用药，有数种药物被称为"瘦肉精"，如盐酸克伦特罗、莱克多巴胺及沙丁胺醇等。人食用含"瘦肉精"的猪肉后会出现头晕、恶心、手脚颤抖、心跳加速甚至心脏骤停导致昏迷死亡，特别对心律失常、高血压、青光眼、糖尿病和甲状腺功能亢进等患者有极大危害。那么，如何识别"瘦肉精"猪肉呢？

(1)*看猪肉皮下脂肪层的厚度*　在选购猪肉时，皮下脂肪太薄、太松软的猪肉不要买。一般情况下，饲喂瘦肉精的猪因吃药生长，其皮下脂肪层明显较薄，通常厚不足 1 厘米；而正常猪在皮层和瘦肉之间会有一层脂肪，肥膘厚为 1～2 厘米。

(2)*看猪肉的颜色*　一般情况下，含有"瘦肉精"的猪肉特别鲜红、光亮。因此，瘦肉部分太红的，肉质可能不正常。

另外，还可以将猪肉切成 2～3 指宽，如果猪肉比较软，不能立于案上，则可能含有瘦肉精。

如果肥肉与瘦肉有明显分离，而且瘦肉与脂肪间有黄色液体流出则可能含有瘦肉精。

107. 鉴别冻肉质量的方法有哪些？

答：鉴别冻肉质量的方法有以下几种。

(1)色泽鉴别　良质冻猪肉解冻后，肌肉色红、均匀、具有光泽，脂肪洁白，无霉点。

次质冻猪肉解冻后，肌肉红色稍暗，缺乏光泽，脂肪微黄，可有少量霉点。

变质冻猪肉解冻后，肌肉色泽暗红，无光泽，脂肪呈污黄色或灰绿色，有霉斑或霉点。

(2)组织状态鉴别　良质冻猪肉解冻后，肉质紧密，有坚实感。

次质冻猪肉解冻后，肉质软化或松弛。

变质冻猪肉解冻后，肉质松弛。

(3)黏度鉴别　良质冻猪肉解冻后，外表及切面微湿润，不黏手。

次质冻猪肉解冻后，外表湿润，微黏手，切面有渗出液，但不黏手。

变质冻猪肉解冻后，外表湿润，黏手，切面有渗出液亦黏手。

(4)气味鉴别　良质冻猪肉解冻后，无臭味，无异味。

次质冻猪肉解冻后，稍有氨味或酸味。

变质冻猪肉解冻后，具有严重的氨味、酸味或臭味。

第二部分　防疫监督知识

一、动物防疫基础知识

1. 动物防疫的含义是什么？

答：《中华人民共和国动物防疫法》对动物防疫含义的解释是：动物防疫包括动物疫病的预防、控制、扑灭和动物、动物产品的检疫。意指在动物健康状态下，要采取各种措施防止动物疫病的发生；当一些动物发生疫病后，要采取各种措施制止动物疫病的传播和流行；当一些动物发生重大疫病后，要采取扑杀所有发病动物及其直接（或间接）接触过的动物等严厉措施，及时消灭所有发病和死亡的动物。同时，无害化处理被污染的物品，并经过该疫病2个潜伏期的观察，确认不再有新的发病动物。当动物、动物产品因出售或调运而离开原饲养地或加工场所时，要经过检查符合健康要求，杜绝患病或染疫动物及其产品进入流通或下一个饲养加工环节，防止疫病传播。

2. 国家为什么要立法规定对动物进行防疫？哪些动物要进行防疫？

答：1997年7月3日，国家主席令（第87号）颁布了《中华人民共和国动物防疫法》，使我国动物防疫工作走上了法制化轨道，使我国的动物防疫工作成为国家的强制性行为，成为人民的意志。2007年又对该法进行了修改完善。之所以对动物防疫工作进行立法，是因为这项工作是关系到我国国民经济能否发展的大事，是关系到社会公共安全的大事，是关系到人民群众身体健康和素质提高的大事。这是由动物疫病的危害性和性质所决定的。一是动物疫病如果不采取有效防治措施，则经常会发生全国大范围流行，畜牧业就不可能发展。我国是一个农业大国，畜牧业必须要发展，不可能依靠进口，国际也没有能力承担起我国13亿人口的肉食品供应。如果畜牧业不发展，就难以提高我国人民群众的生活水平和身体素质。二是动物疫病中有200多种是人兽共患病，会传染给人类，历史上曾多次发生动物疫病传染人，引起人疫病流行，使成千上万的人死于动物疫病的案例。三是动物疫病发生后如果不及时扑灭，就会传播流行，发病会由小到大、由轻到重。一个单位、一个农户发生动物疫病时，可能损失很小，但如果不采取防疫措施造成疫病流行，损失会很大。一个经营者经营的是一头病猪，如采取扑杀销毁处理，对经营者将造成损失；如果国家不规定统一的强制扑杀措施,这个单位(农户)、这个经营者就不会采取扑杀措施,动物疫病就得不到及时扑灭而传播出去,可能造成大面积的流行。因此,国家必须立法,通过法律规定使动物防疫工作成为人们统一实施的行为,使动物防疫工作成为不以人的意志为转移的行为。

根据《中华人民共和国动物防疫法》规定,对一切家畜、家禽和人工饲养、合法捕获的其他动物,都要按照国家和当地政府制定的防疫方针、计划和方案,采取切实有效的防疫措施,预防、控制和扑灭动物疫病,保护人体健康。

3. 为什么在动物健康饲养状态下就要采取防疫措施?

答:原因主要有3个方面:一是因为动物疫病具有传染性、群发性,一旦发生疫病,很快在动物群体内传播开来并将传播出去,在数天甚至一天内饲养的大多数动物就有可能发病。二是发生的许多传染病至今没有有效的治疗方法,发病动物多数会死亡;即使可以治好的疫病,由于大批动物发病,治疗费用很高,而且发病后严重影响动物的生长发育,也会造成重大损失。三是随着自然环境的改变、畜牧业生产方式的发展和商品流通的发达,动物疫病种类越来越多,疫病传入发生的机会越来越多。因此,一个饲养动物的专业场(户),在平时饲养时,在动物健康时,就要切实采取有效的预防措施,把疫病发生的危险性降到最低限度。

4. 什么叫动物疾病、动物传染病、动物疫病、动物普通病和中毒病?

答:动物疾病是指在一定因素(称致病因素,无论何种因素)作用下,动物机体的正常生理代谢过程发生改变,生命功能发生障碍,机体组织受到破坏的过程。同时,也是动物机体固有的抗病能力与致病因素进行斗争的一种表现。按照病因性质可分为传染病、寄生虫病、普通病(非传染性的病)、营养代谢病。按照疾病的经过可分为急性病、亚急性病和慢性病。按照患病组织器官可分为消化系统疾病、呼吸系统疾病、心血管系统疾病、神经和运动器官系统疾病及泌尿生殖系统疾病等。

动物传染病是动物疾病中的一种，这种病是由病毒、细菌等病原微生物（通常称病原或病原体）侵入到动物机体后并进行繁殖而引起的一种疾病，这种病的特征是可通过多种途径，将病原微生物传染给另一动物，并迅速在动物群体内传播而引起大批发病，如猪瘟、口蹄疫、鸡新城疫、禽流感、鸭瘟等。

动物疫病常指动物传染病，但由于动物寄生虫病也具有传染性的特征（一个寄生虫虫体经过寄生虫的生活史，可以感染到另一个动物），而且危害也严重，所以现在通常所说的动物疫病包括动物传染病和动物寄生虫病。

普通病是由化学性和物理性致病因素引起的、没有传染性的疾病。

中毒病是由化学性或生物性毒物引起的疾病，属于普通病的一种。

5. 何谓人畜共患病？对人危害严重的人畜共患病有哪些？

答：许多动物疫病，不仅在动物之间（包括同种动物之间和非同种动物之间）可以互相传播，而且可以在动物与人类之间互相传播，这种动物疫病称为人畜共患病。目前，世界上发现有200多种动物疫病可以传染给人类。农业部2009年1月19日发布了新的《人畜共患传染病名录》，即牛海绵状脑病、高致病性禽流感、狂犬病、炭疽、布鲁氏菌病、弓形虫病、棘球蚴病、钩端螺旋体病、沙门氏菌病、牛结核病、日本血吸虫病、猪流行性乙型脑炎、猪Ⅱ型链球菌病、旋毛虫病、猪囊尾蚴病、马鼻疽、野兔热、大肠杆菌病（O157：H7）、李氏杆菌病、类鼻疽、放线菌病、肝片吸虫病、丝虫病、Q热、禽结核病、利什曼病。

6. 什么是烈性传染病和急性传染病？

答：所谓烈性传染病，是指在未采取防治措施的情况下，传播速度快、流行范围广、发病率和死亡率高的一类疫病，如口蹄疫、猪瘟、禽流感、狂犬病等。

急性传染病，是指动物感染病原后，到出现临床症状和发生死亡时间很短的疫病或个体病例。不出现临床症状就死亡的，称为超急性传染病，临床症状出现缓慢、到死亡时间长或不死亡的，称为慢性传染病。

7. 什么是疫情？

答：疫情是指单位范围内动物发生疫病的整体情况，包括发病动物的种类、发病原因、传染来源、传播速度、发生时间、发病范围和数量、发生的趋势、死亡情况、临床症状、剖检变化、病原检查结果等。

8. 什么是染疫动物及其产品？

答：病原微生物（包括寄生虫）侵入到动物体内后，可能会出现3种情况：①动物发病，表现出异常的现象（临床症状）；②在某些情况下动物不一定会发病，通常称为隐性感染；③病原体侵入到动物体内后，动物还没有到达出现临床症状的阶段。

但无论哪种情况，只要侵入到动物体内的病原仍可通过各种途径感染另外的动物或人类，带有这类病原体的动物就是染疫动物，由染疫动物加工成的及加工过程中被病原污染的产品，称为染疫动物产品。

9. 什么是病因和病原？

答：病因学所称的病因，是指存在于动物体外或体内的致病因素，常见的有机械性因素（如打击）、物理性因素（如高温）、化学性因素（如农药）、生物性因素（如病毒、细菌、寄生虫）、营养性因素。在我们实际防疫工作中通常所说的“发病原因”，常指消毒不彻底、免疫不到位、隔离不严格等原因，并不是病因学所称的病因，这是一种容易导致生物性致病因素侵害动物的间接因素，或称诱因。

病原是指生物性致病因素，即能引起动物发病的病毒、支原体、细菌和寄生虫，又称病原体，前两者也称病原微生物。

10. 什么是微生物、细菌、支原体和病毒？

答：微生物是存在于地球上肉眼不能直接看见的（必须借助显微镜才能观察到）极微小的生命体（生物）。它是一群结构简单、繁殖非常迅速的单细胞生物，或者是比单细胞还要微小、还要简单的生物。细菌、支原体和病毒均属于微生物。许多微生物能侵害动物（包括人）和植物，导致动物和植物发病甚至死亡，这些微生物称为致病性微生物。

细菌是一种具有完整细胞结构的单细胞微生物。

病毒是一种没有细胞结构、仅是细胞中的一部分（主要结构为细胞核及相关部分）但具有生命力的微生物。

支原体是一种介于细菌和病毒之间的微生物。

11. 什么是疫病的传染源？

答：传染源是指感染了病原的动物（包括发病和隐性感染的），并且感染的病原能通过各种途径感染另外的动物。

12. 什么是易感动物？

答：任何一种病原体，都有特定的侵入（感染）对象，有的病原只能感染一种动物，有的能感染多种动物，有的能感染动物和人（人兽共患病）。只要能感染某种病原体的动物（也包括人），就称为这种病原的易感动物（人）。

13. 什么是疫病的传播途径？

答：病原体从传染源传染给另一个易感动物，在密集的一群动物中，往往是发病动物（传染源）与易感动物直接接触而传染；而在分散饲养的动物中，病原体是通过一定的媒介从一个动物传染给另一个动物的，这就是所谓的传播途径。常见的间接传播途径主要有以下几种：①病原体污染了饲料和饮水而传播；②病原体污染了土壤而传播；③病原体污染了空气而传播；④病原体污染了工具而传播；⑤病原体侵入到一些动物，如昆虫、飞禽等而传播；⑥病原体污染了工作人员而传播。

14. 在什么情况下,动物疫病才有可能发生暴发和流行?

答:在一定范围和一定的时间内大批动物陆续发生疫病称为流行,如在很短的时间内大批动物发病则称为暴发。动物传染病发生暴发和流行的过程,是病原体从传染源排出,经过一定的传播途径,侵入另一易感动物,引起新的动物发病并不断重复这一传播的过程。因此,从理论上说,发生动物疫病流行,应具备3个条件,即传染源、活跃又频繁的传播途径和大批易感动物同时存在。但是,在一定的范围内,发生动物疫病流行时,传染源往往不存在,而存在于疫病流行本范围之外,病原体是通过一定传播途径,传染给本范围内易感动物的。

15. 如何消除易感动物?

答:在一定的范围内,只要消除了某种病原的易感动物,就能防止这种病原引起的动物疫病。消除易感动物的方法,除了加强饲养管理,提高动物本身的体质外,按照免疫程序给动物普遍接种相应的疫苗,是最重要、最有效的办法。具体给当地动物接种几种疫苗,应根据当地发生动物疫病的种类、发展趋势和周围动物疫病流行态势来确定。其次,科学地给动物喂药,如一些抗菌药物、微生态制剂等,可以消除某些细菌性易感动物,即常说的"预防性给药"。但必须注意要严格按照国家规定给药,防止动物产生耐药性。

16. 什么是感染、混合感染和继发感染?

答:病原微生物侵入动物体内后进行繁殖,病原与动物机体互相斗争,并且病原不断排出体外,称为感染。如果动物抵抗力弱,或病原毒力强、数量多,则引起动物发病,出现临床症状,称为显性感染(或称传染病);反之,称为隐性感染。

在某些情况下,动物体内可能会受到2种或2种以上病原的侵入,这种现象称为混合感染。如动物常发生多种寄生虫感染。

当动物发生一种疫病后抵抗力下降,引起了另一种病原乘虚而入发生的感染，称为继发感染。如常见猪瘟继发猪副伤寒，猪蓝耳病可引起多种病原的继发感染等。

17. 什么是疫病的潜伏期？疫病潜伏期有多长？

答：从病原体侵入动物机体后到出现疾病最初症状为止，这个阶段称为潜伏期。各种疫病的潜伏期各不相同，即使同一种传染病，潜伏期的长短也有一定的变动范围，这是与侵入动物机体内的病原体特性、病原体数量与毒力、侵入的途径和部位、动物机体本身的抵抗力水平等有关。

18. 流行病学调查包含哪些内容？

答：一旦发生动物疫病，往往要开展动物疫病的流行病学调查，这是及时诊断动物疫病的前提和重要依据。流行病学调查的内容主要包括：发病动物的种类，动物日龄，发病的季节，发病传播的速度、范围，这个区域内不同品种、不同日龄的动物存栏数量、发病数量、死亡数量及其发病率和死亡率，动物的免疫状态和用药治疗效果，临床症状和剖检变化，动物及其产品的移动和流通情况等。

19. 什么是扑灭疫病和消灭疫病？

答：某地发生了一起动物疫病，采取扑杀（有的疫病可治疗）、病死动物的无害化处理、消毒、免疫、封锁、隔离等相应的防治措施后，所有的患病动物被消灭（或得到康复），并从最后一头（只）患病动物被消灭起，对此起疫病发生区域内的动物连续观察1～2个这种疫病的潜伏期，如不再出现新的发病动物，说明这种疫病在这个区域内得到了扑灭。这就是常说的“扑灭了动物疫病”。

理论上，经过人为的（采取防治措施）或自然的作用，在一定的区域内和较长的时期（至少1年以上）内，某种动物疫病没有发生，而且这种疫病的病原也已消失，这就达到了“消灭疫病”的标准。事实上，由于要检测和确定自然界中是否消灭了病原是非常困难的，同时只要在一定的区域内没有易感动物，如常年开展这种疫病的疫苗接种工作，所有的动物都得到了有效免疫，即使自然界中存在着这种疫病的病原，动物也不一定会发生疫病。所以，要确认这个区域内是否达到了“消灭动物疫病”，通常的标准是：在较长的时间内，在没有开展相应疫苗免疫的情况下，这个区域内动物不发生相应疫病。如某县或某市辖区内所有生猪，1 年或数年内没有接种过猪瘟疫苗，但没有发生过猪瘟，这就可以认为这个县或市消灭了猪瘟。

20. 动物疫病的种类怎样划分？

答：动物疫病非常复杂，种类繁多。至今，全世界已发现数百种动物疫病。疫病的分类也有多种。按照病原性质可分为病毒病、细菌病、支原体病、寄生虫病。按照病原体侵袭动物种类可分为单种动物传染病，如猪瘟；多种动物传染病，如伪狂犬病、巴氏杆菌病（禽霍乱）；人兽共患病，如结核病、禽流感等。根据疫病的危害程度可分为一类、二类、三类动物疫病（《中华人民共和国动物防疫法》规定）。根据病程可分为超急性、急性、亚急性、慢性传染病。

21. 国家规定的一类、二类、三类动物疫病具体指哪些？

答：根据目前世界上存在的动物疫病危害程度，按照《中华人民共和国动物防疫法》的规定，国家农业部将动物疫病分为三类，并于 2008 年进行了发布。

（1）一类动物疫病（17 种） 口蹄疫、猪水疱病、猪瘟、非洲猪瘟、高致病性猪蓝耳病、非洲马瘟、牛瘟、牛传染性胸膜肺炎、牛海绵状脑病、痒病、蓝舌病、小反刍兽疫、绵羊痘和山羊痘、高致病性禽流感、新城疫、鲤春病毒血症、白斑综合征。

（2）二类动物疫病（77 种）

多种动物共患病（9 种）：狂犬病、布鲁氏菌病、炭疽、伪狂犬病、魏氏梭菌病、副结核病、弓形虫病、棘球蚴病、钩端螺旋体病。

牛病（8 种）：牛结核病、牛传染性鼻气管炎、牛恶性卡他热、牛白血病、牛出血性败血病、牛梨形虫病（牛焦虫病）、牛锥虫病、日本血吸虫病。

绵羊和山羊病(2种):山羊关节炎脑炎、梅迪-维斯纳病。

猪病(12种):猪繁殖与呼吸综合征(经典猪蓝耳病)、猪流行性乙型脑炎、猪细小病毒病、猪丹毒、猪肺疫、猪链球菌病、猪传染性萎缩性鼻炎、猪支原体肺炎、旋毛虫病、猪囊尾蚴病、猪圆环病毒病、副猪嗜血杆菌病。

马病(5种):马传染性贫血、马流行性淋巴管炎、马鼻疽、马巴贝斯虫病、伊氏锥虫病。

禽病(18种):鸡传染性喉气管炎、鸡传染性支气管炎、传染性法氏囊病、马立克氏病、产蛋下降综合征、禽白血病、禽痘、鸭瘟、鸭病毒性肝炎、鸭浆膜炎、小鹅瘟、禽霍乱、鸡白痢、禽伤寒、鸡败血支原体感染、鸡球虫病、低致病性禽流感、禽网状内皮组织增殖症。

兔病(4种):兔病毒性出血病、兔黏液瘤病、野兔热、兔球虫病。

蜂病(2种):美洲幼虫腐臭病、欧洲幼虫腐臭病。

鱼类病(11种):草鱼出血病、传染性脾肾坏死病、锦鲤疱疹病毒病、刺激隐核虫病、淡水鱼细菌性败血症、病毒性神经坏死病、流行性造血器官坏死病、斑点叉尾鮰病毒病、传染性造血器官坏死病、病毒性出血性败血症、流行性溃疡综合征。

甲壳类病(6种):桃拉综合征、黄头病、罗氏沼虾白尾病、对虾杆状病毒病、传染性皮下和造血器官坏死病、传染性肌肉坏死病。

(3)三类动物疫病(63种)

多种动物共患病(8种):大肠杆菌病、李氏杆菌病、类鼻疽、放线菌病、肝片吸虫病、丝虫病、附红细胞体病、Q热。

牛病(5种):牛流行热、牛病毒性腹泻-黏膜病、牛生殖器弯曲杆菌病、毛滴虫病、牛皮蝇蛆病。

绵羊和山羊病(6种):肺腺瘤病、传染性脓疱、羊肠毒血症、干酪性淋巴结炎、绵羊疥癣、绵羊地方性流产。

马病(5 种):马流行性感冒、马腺疫、马鼻腔肺炎、溃疡性淋巴管炎、马媾疫。

猪病(4 种):猪传染性胃肠炎、猪流行性感冒、猪副伤寒、猪密螺旋体痢疾。

禽病(4 种):鸡病毒性关节炎、禽传染性脑脊髓炎、传染性鼻炎、禽结核病。

蚕、蜂病(7 种):蚕型多角体病、蚕白僵病、蜂螨病、瓦螨病、亮热厉螨病、蜜蜂孢子虫病、白垩病。

犬、猫等动物病(7 种):水貂阿留申病、水貂病毒性肠炎、犬瘟热、犬细小病毒病、犬传染性肝炎、猫泛白细胞减少症、利什曼病。

鱼类病(7 种):鮰类肠败血症、迟缓爱德华氏菌病、小瓜虫病、黏孢子虫病、三代虫病、指环虫病、链球菌病。

甲壳类病(2 种):河蟹颤抖病、斑节对虾杆状病毒病。

贝类病(6 种):鲍脓疱病、鲍立克次体病、鲍病毒性死亡病、包纳米虫病、折光马尔太虫病、奥尔森派琴虫病。

两栖与爬行类病(2 种):鳖腮腺炎病、蛙脑膜炎败血金黄杆菌病。

22. 动物疫病的发生和流行会造成哪些危害?

答:动物疫病发生、流行后,所产生的危害程度,主要取决于四方面因素:一是所发生的疫病种类,如发生一类动物疫病、人兽共患病,则危害大;二是发病动物群体的数量,如发生在规模饲养场,则危害大;三是发病动物的免疫状态,如未免疫的动物发病,则危害大;四是发生的地点与周围环境,如发生在人群居住地和密集饲养区附近,或交通发达难以封锁隔离等,则危害大。

疫病发生和流行造成的危害,简单地说,主要表现在 6 个方面:一是造成动物死亡或影响动物生长;二是人兽共患病会传染给人,造成人的恐慌,影响社会稳定;三是实施疫区封锁时会影响当地人们的正常生活和生产活动;四是影响整个地区的畜产品正常流通;五是危及全省乃至全国的畜产品出口;六是影响当地的投资环境。

23. 预防动物疫病常采取哪些方法和措施?

答:预防疫病发生的方法和措施主要包括:①选择合理的饲养环境;②采用科学的饲养模式和管理方式;③科学接种疫苗进行免疫;④定期有效地进行消毒;⑤科学地进行预防性给药;⑥严格的隔离;⑦定期监测动物的健康状况;⑧及时无害化处理病死动物。

24. 扑灭、控制动物疫病常采取哪些方法和措施?

答:控制扑灭疫病的方法和措施主要包括:①有些疫病,要对疫点、疫区按规定采取封锁;②及时有效隔离和治疗发病动物,而有些疫病则按照规定要立即扑杀和无害化处理发病动物及其同群动物;③实行紧急免疫接种;④紧急消毒。

25. 为什么要采取综合防疫措施?

答:防治动物疫病是一项复杂的难度较大的技术性工作。每一项防疫措施,只能起到一种效果,而且因各种因素的影响,某一种防疫措施不可能产生100%的效果,如采取隔离措施,不可能绝对做到不让病原接触动物;如实行100%接种疫苗,不可能使100%的动物产生有效的抗病力;如消毒,不可能将环境中的病原全部杀死。因此,采用一种防疫措施后,是达不到防治动物疫病的目的的。

事实上,动物所处的环境,无时无刻都存在这样或那样的病原体。在动物生长过程中,时刻有接触病原的危险。动物接触病原后是否发生疫病,最终取决于动物抗病力(抵抗力)与病原体致病力的力量(毒力)对比,即动物抗病力高于病原体致病力时,动物就健康;反之,动物就发病。因此,要同时采取多种防疫措施。用疫苗免疫和加强饲养管理的方法,努力提高动物群体的抗病力;用消毒的方法努力减少环境中的病原体,降低病原的致病力;用隔离、封锁的方法,努力减少动物与病原的接触;用疫情监测、扑杀、无害化处理的方法消灭传染源，同样也减少动物与病原的接触。通过同时采用多种防疫措施，可以使病原接触动物减少、动物抗病力提高、病原致病力下降，就可以达到动物不发生疫病的目的。

二、动物防疫的饲养管理要求

26. 动物疫病与饲养管理工作有什么关系？

答：科学证明，不同的饲养环境、饲养方式和管理程序，不仅对动物的生长起决定性作用，而且对动物的抗病能力会产生不同的影响，更重要的是密切关系到动物疫病的发生与传播。当今畜禽实行高密度饲养，大大提高了饲养效率和经济效益，促进了畜牧业的高速发展；但是也带来了另一方面问题，在这种饲养方式条件下，动物的抗病能力显著下降，疫病传播和发生的机会大大增加。如果采用畜禽混养、大小不同的动物混养，容易导致畜禽间疫病互相传播，容易将上一代动物存在的疫病传染给下一代。如果选择交通要道附近的场地作为饲养场，或人员、工具、动物进出饲养场不进行严格控制，容易将场外的疫病引入场内。如果不注意防寒保暖，动物容易发生流感等。因此，应尽一切努力要做好饲养管理工作。

27. 新建饲养场场址选择有哪些要求？

答：选择新建饲养场场址时，应考虑以下几点。

(1)周围环境　饲养场地理位置的选择应考虑交通、污染与防疫。场址应该选在供电方便，交通便利，但与主要交通干道保持较远的距离，又与饲养场、工厂、居民区、飞机场等保持 2 000 米以上距离的地方。以利于饲料、动物等的运输，防止饲养场受外界环境的影响，也有利于防疫。为了避免引起与附近居民的环境污染纠纷，最好把地点选在当地居民居住地的主风下风向，但要离开居民点污水排出口。不应选在化工厂、屠宰厂、制革厂等容易造成环境污染企业的下风处或附近。因饲养场物资需求和产品供销量极大，因此交通要便利，要修建专用道路与公路相连，但从防疫方面来说，又不希望有较多外来车辆通过，故与大干道应保持一定的距离，从干线建一段1 000米左右的专用路通到场内。

(2)地形地势　地形地势包括场地的形状和坡度等。理想的饲养场应当建在地势高燥、排水良好、背风向阳、略带缓坡的地方。不能选择沼泽地、低洼地、四面有山或小丘的盆地或山谷风口。若饲养场建在山区，应选择较为平坦、背风向阳的坡地，这种场地具有良好的排水性能，阳光充足并能减弱冬季寒风的侵害。坡度不宜太大，否则不利于生产管理与交通运输。地形比较平坦的坡地，每100米长高低差保持在1～3米比较好，这样不仅不会受到山洪雨水的冲击与淹没，也便于场内污水排出，保持场内干燥。但如坡度过大，建筑施工不便，也会因雨水长年冲刷而使场区坎坷不平。一般来说，低洼潮湿的场地，有利于病原微生物和寄生虫的生存，而不利于动物的体温调节和肢蹄健康，并严重影响建筑物的使用寿命。在南方的山区、谷地或山坳里，畜舍排出的污浊空气有时会长时间停留和笼罩该地区，造成空气污染，这类地形都不宜作饲养场场址。

地形要开阔整齐，不要过于狭长或边角太多，场地狭长往往影响建筑物合理布局，拉长了生产作业线，同时也使场区的卫生防疫和生产联系不便。此外，根据发展，应留有余地。我国的大部分地区，饲养场不宜建在山坡的北坡上。

(3)水源和水质　饲养场用水量大。在饲养生产过程中，动物的饮水、栏舍和用具的洗涤、员工生活与绿化的需要等都要使用大量的水。所以建造一个饲养场必须有一个可靠的水源。水源应符合以下要求：①水量充足，能满足各种用水，并应考虑防火和未来发展的需要。②水质良好，不经处理即能符合饮用水标准的水最为理想。③便于防护，以保证水源水质经常处于良好状态，不受周围环境的污染。④取用方便，设备投资少，处理技术简便易行。

水质主要指水中病原微生物和有害物质是否超标。一般来说，采用自来水供水时，主要考虑管道口径是否能够保证水量供应；采用地面水供水时，要调查水源附近有没有工厂、农业生产和牧场污水与杂物排入，最好在塘、河、湖边设一个岸边砂滤井，对水源做一次渗透过滤处理；多数采用地下深井水供水。地面和深井供水的，应请环保部门进行水质检测，合格的才能取用，以保证动物和场内职工的健康和安全。

总之，合理而科学地选择场址，对饲养场组织高效、安全的生产具有重大意义。

已经建立的饲养场，如果不符合上述要求，应采取一些补救措施，如建立隔离围墙、隔离绿化带、引进洁净的自来水。但是如果空气受到严重污染，且污染源又无法消除，那么饲养场地应该搬迁，否则难以保证饲养的畜禽能达到无公害的要求，而且会影响饲养畜禽的健康生长。

另外，饲养场污物排放必须达到国家规定的排污标准。

28. 饲养场的内部环境有哪些要求？

答：内部环境包括各种不同功能建筑的布局，各种建筑的设计、空间大小及其具备的功能。不同的畜禽，对内部环境的要求也不一样。但总体的要求是：有利于排污、清洁卫生，有利于防暑降温、通风保暖，有利于隔离和封锁。同时，应做好绿化与清洁卫生工作。在饲养场房屋之间应种植落叶乔木，达到夏天遮阳、冬天不影响采光的目的；其他空余的场地特别是饲养房舍四周，均应种植常绿树木，既可形成有益的小气候，也可起到相对的隔离作用。饲养场区和栏舍内做到不积粪尿和污物。

29. 饲养场内各建筑物应怎样布局？

答：场内规划布局应根据生产职能分为若干功能区。场内分区是否合理，各区建筑物布局是否恰当，不仅影响基建投资、经营管理、生产组织、劳动生产水平和经济效益，而且直接影响场区的小气候环境及防疫卫生。

场内各建筑物的布局应结合地形、地势、水源、当地主风向等自然条件以及饲养场的近期和远期规划综合考虑。总体原则是既要有利于生产管理，又要产生相互隔离的状态；能有效利用土地，各区域间联系方便，符合生产管理和防疫、防火要求，便于流水作业，缩短水、电和运输线路，减少资金使用。

生产管理区包括饲养场管理人员办公室、会议室、接待室和车库等，从防疫的角度出发，管理区应建在生产区大门外，与生产区隔离，自成一院，其位置应设在饲养生产区的另一风流上。

生活区包括职工宿舍、食堂、文化娱乐室以及运动场等设施，位于饲养生产区外的另一风流上。

饲养生产区是饲养场的主体部分，它包括各类饲养动物的栏舍、饲料加工间、仓库、兽医室等。为了防疫需要，繁育生产区应是独立、封闭的区域。因在我国的大部分地区，夏季以东南风为主，冬季以西北风为主，故饲养舍应坐北朝南，夏季有利于通风以降低舍内温度，冬季则可以避开西北风的正面袭击，有利于舍内的保暖。

如典型商品猪场中，各类猪舍的排列顺序按照风向依次为：种猪舍、配种室（人工授精室）、妊娠母猪舍、哺乳母猪舍（产房）、保育舍、育成舍、肥育舍。肥育舍应设在猪场生猪出口较近的地方，设一通道连接出猪月台。种猪舍和母猪舍应设在距猪场进出口较远的地方，以减少种猪感染疫病的机会。公猪舍与母猪舍应保持一定距离，且位于母猪舍上风向。为配种方便，人工授精室可设在公猪舍与母猪舍之间或公猪舍一端。同类猪舍间为避免猪群疾病的传染、防火安全以及保证通风透光，每栋猪舍左右间隔应在10～15米或以上，前后间距15～20米，或至少不小于前排猪舍高度的2倍。饲料加工厂及饲料仓库属于猪场的辅助生产设施，可设在生产区的一侧（靠近行政管理区一侧）。由于饲料仓库同场外运输联系频繁，应设在靠近猪场大门口的地方，减少转运。

饲养生产区的入口处应设消毒间和消毒池。凡进入生产区的人员应洗手、消毒、更衣、换胶鞋，车辆通过消毒池后才能进入生产区。

生产区的道路分为净道和污道，污道为清粪道，两道避免交叉。

为避免运输车辆进入生产区，装动物（畜产品）的月台应设在饲养区一侧下风向边缘，靠近动物育成（肥）舍（畜产品暂存室）。

病畜禽隔离舍、兽医室、尸体处理设施及粪尿等污物处理场所，应设在饲养区下风向、地势较低处。病畜禽隔离舍距健康畜禽舍 200 米以上，尸体处理设施距健康畜禽舍 300 米以上，病死动物尸体必须做无害化处理。

30. 饲养畜（禽）的栏舍建筑有哪些要求？

答：有条件的，所有栏舍均朝南向阳，并建有向阳的运动场。必须有足够的高度，保证产生良好的通风效果；并要设计成有利于冬天能保暖、夏天能通风降温、排水清粪易消毒的建筑。

31. 实行定地规模放养家禽，应选择怎样的放养地？

答：选择的放养地，应远离交通要道，远离人群、工矿企业和动物饲养区。旱禽与水禽的要求还有区别。

(1)鸡的要求　必须同时勘察鸡用饮水源、栖息棚的布局。根据植被可利用程度，一般按每 667 米^2 放养 100～300 只估算，确定饲养规模和年饲养量。

①山地放养　山地坡向以南坡为好，南坡的植被、光照、常年气温、湿度、通风流量都要优于北坡。北坡夏季闷热、冬季阴冷，不适宜鸡的生长，耗料也多些。放牧地坡度以 5°～25°之间的低丘缓坡最适合，便于鸡的运动觅食，管理也方便、省工。

②海岛放养　海岛人口稀少，有其天然隔离屏障，海洋性气候覆盖，很适宜放养鸡。如能选择土层厚实、植被丰富的岛屿，或结

合林果园开发套养,则经济效益更佳。

③林果园套养　充分利用果园、经济林资源,若能联片开发套养鸡,实属一举两得。由于鸡有喜啄习性,要预防果树被啄伤致死。如果果树处在低龄期,苗木矮小,可以用竹篱、木条等圈围起来。

④山林圈养　林区的松杉、竹等山林种植区域,一般坡度在30°以下地面植被较丰富,可以作为放养基地,过高坡度山林放养管理不便。山林放养必须用围网圈定鸡的活动范围,以减少丢鸡损失。山林放养要注意防止敌害,尤其是要防御黄鼠狼等兽害。

⑤闲田荒地放养　在闲田荒地上放养鸡,每期利用时间为45～90天,1年可饲养1～2批。闲田肥草丛生,小虫等活食多,是鸡的好饲料,鸡粪又可肥田,一举两得。

(2)鸭、鹅等水禽的要求　饲养场地必须选择在有水塘、河流、湖泊等水源的边缘地带,划出一定的水面供水禽戏水,但水源不得受到污染。放养鹅的牧场还应具有优质牧草。

32. 为什么定地规模放养家禽的场地应定期更换?

答:长期在一个地方放养,每批家禽全部出栏后,虽然可以进行消毒,但由于栖息地是泥土,很难做到彻底消毒,场地受到多次污染,新引进饲养的家禽会受到感染而发生疫病。而且,在一定面积的放牧地内植被、活食是有限的,如长期在一块地上放牧,草木皆兵,寸草不生,尘土飞扬,禽无食可吃,导致互相打斗,也就谈不上生态养禽和养禽效益了。因此,放养地必须轮牧,让已放养过的土地休养生息,恢复生态,同时污染也得到自然净化。一般放养3～4批家禽轮换一块场地。

33. 为什么不同种、不同批畜(禽)不可混合饲养?

答:混养是指一个饲养场内、一个群体内同时饲养了不同的动物,或者是饲养场一栋饲养舍内同时饲养了不同批次的同种动物。

许多动物疫病可以在不同种的动物之间互相传播。特别是有些疫病对某些动物易感染发病，而对另一些动物虽能感染但不一定发病。如果不同种动物混养在一起，不发病但有病原感染的动物就将病原传染给另一种原来健康的动物而发病；或者是不同种的动物都带有不同的病原，通过混养都互相感染了对方的病原而都发病。同样道理，不同批次的动物混养在一起，也有可能将自己带有的病原互相传染给对方而发病。

34. 饲养畜(禽)为什么要实行全进全出的饲养方式?

答：全进全出的饲养方式，就是指饲养场一定区域(最小区域至少是一栋饲养舍)内饲养的一批动物应同时进入，在调入饲养下一批动物前，该区域内原饲养的所有动物应全部调出，并通过清栏清场彻底消毒 2～3 次和停用 2～4 周。目的就是为了阻断原饲养动物可能带有的病原直接或通过污染的场地，传染给新调入饲养的动物。

采用全进全出的饲养方式，一般以一栋饲养舍为一个区域(单位)，按照整栋栏舍可饲养的数量全部一起进栏和出栏。如果以一栋为单位有困难时，可以在一栋中将连片的数个栏舍作为全进全出的区域，但要求这个区域与其他栏舍必须采用硬隔离分开，包括饲养人员、饲养工具和喂料管理过程。因此，在整栋饲养舍设计建筑时，就要考虑隔离设施、进出门和通道。

一个非自繁自养的饲养场(户)，最好是全场或连片几栋饲养舍实行全进全出，所有动物一起出售后，进行全场空栏和环境大消毒，以彻底消灭场内存在的病原，然后再一起全部补栏。

35. 为什么要提倡自繁自养的方式?

答：所谓自繁自养的方式，就是一个规模饲养场，由自己饲养公、母畜(禽)繁殖幼畜(禽)，并将幼畜(禽)饲养成商品畜(禽)。除了必要时引进部分公、母畜(禽)以更换老的公、母畜(禽)外，所有饲养出售的商品畜(禽)全部由自养的公、母畜(禽)繁殖提供。这种饲养方式，可以阻断因频繁引入幼畜(禽)而传入外来疫病的途径。同时,也能因母畜(禽)、幼畜(禽)自养而降低生产成本。这一方式的要求是,饲养者必须具备饲养公、母畜(禽)和幼畜(禽)的条件和技术,生产资本投入较大,对饲养者文化科技素质要求较高。

36. 怎样才能做到安全引进健康动物到场内?

答:第一,做好引进前栏舍的准备工作。引进种畜禽(包括奶畜)时,需要预备单独的引种隔离舍;引进商品畜禽时,则需要腾空一个与引进数量相应的、与本场饲养动物相对隔离的饲养栏舍区。饲养栏舍应进行全面彻底的消毒。

第二,正确选择引进动物的产地。无论是引进种用动物,还是引进饲养的商品动物,都应从无传染病流行的清净地区采购,防止引进动物时将疫病带入场内。因此,在引进前应到产地进行疫情调查,并向动物防疫主管部门进行咨询。引进用来饲养的商品动物,最好来源于同一生产单位,不要采购畜禽交易市场的动物。

第三,在产地对引进动物进行健康检查。到达产地选定引进的动物后,应要求产地动物卫生监督机构官方兽医对动物进行检疫,检疫合格出具动物检疫合格证明后,才可购买装运。对引进的种用动物,事先应进行实验室疫病检测。如猪应检测猪瘟、布鲁氏菌病、传染性萎缩性鼻炎等,家禽应检测禽流感、新城疫等,奶牛和羊应检测布鲁氏菌病、结核病等,兔应检测兔瘟、传染性鼻炎等,以确定引进的动物确实健康无传染病。在装运前,对运载的车辆进行彻底的冲洗和消毒(消毒药须对装运动物无害)。动物检疫合格证明须随动物同行。

动物检疫合格证明是一种法律文书,从法律上保证了引进动物的健康。就是说,当引进后在隔离观察期间发现引进动物患有某些传染病时,并确定是从产地带入的,可以凭动物检疫合格证明,通过一定的法律程序要求卖方赔偿一定的经济损失。

第四,对引进动物进行隔离观察。动物引进后应在隔离的饲养舍内饲养观察一段时间,观察方法包括:①临床检查,看是否出现临床症状。②实验室检测，尤其是种用动物，应该进行某些疾病的实验室检测。切不可引进后就同本场的动物一起混养。经隔离观察确认健康的，种用动物才可进入饲养生产区，但是引进的整批商品动物进入饲养生产区后还是应独立饲养。

第五，本场发生传染病期间，不得引进动物，以免造成更大的损失。

37. 饲养场引进种用动物或其他动物时，为何必须先隔离饲养观察？

答：目的就是为了防止疫病通过引进动物传入饲养场内。一个饲养场内存在发生的疫病，很多是通过引进动物而传入引起的。由于疫病有一个潜伏期过程，动物引进虽然表面上是健康的，但有可能已经感染了病原，正处于潜伏期。如果将引进动物直接放入生产区或与场内原饲养动物同舍、同栏饲养，引进动物带有的病原就可能直接感染给场内原饲养动物，引起疫病发生流行。因此，饲养场应在饲养生产区外或边缘处另建一个隔离饲养观察舍，将引进的动物在观察舍饲养观察一段时间，确认健康无病方可进入饲养生产区。

38. 为什么不能饲喂发霉变质的饲料？

答：饲料发霉变质是由真菌引起的，发霉变质的饲料中含有大量的真菌毒素和饲料本身变质后产生的毒素。这些毒素对动物有很大的危害性，轻者引起动物食欲下降，生长发育受到影响；重者引起中毒发病，甚至死亡。尤其是由于饲料是群体饲喂的，所以中毒发病也是群体性的，往往大批动物同时中毒发病，造成严重损失。因此，要经常注意观察饲喂的饲料，尤其是在潮湿的天气，更要注意饲料的变化，发现饲料结块、变色和异味等情况时，要立即停喂，预防中毒发病。

三、免疫与药物防治

39. 什么是免疫?

答:免疫是动物机体对自身和非自身的识别,并清除非自身的物质,从而保持机体内、外环境平衡的一种能力,即能保持动物健康的能力。

40. 免疫有哪些基本作用?

答:免疫的作用主要有3个方面:一是抵抗病原的感染(又称免疫防御),是指动物机体抵御病原微生物感染和侵袭的能力;二是自身稳定(又称免疫稳定),就是把那些失去功能的细胞清除出去,保证机体正常细胞的功能活动,以维护机体的生理平衡;三是免疫监视,是指对机体内的细胞因物理、化学和病毒等致癌因素的作用突变为肿瘤细胞进行识别,并调动一切免疫因素将其清除。

41. 哪些方法能使动物机体产生免疫?

答:能使动物产生免疫的方法主要有3种。

第一,在动物出生后,在适当的时候通过注射、口服等途径,给动物接种某种灭活(杀死)或毒力减弱的(不会引起发病)病原(抗原),即常说的“接种疫苗”,使动物产生抵抗这种病原微生物感染的能力(抗体及细胞免疫因子)。通过这种方法获得的免疫,称为特异性免疫或主动免疫,又称为获得性免疫。这是防止动物疫病发生和流行的主要措施,现在很多疫病可以用接种疫苗的方法来进行防治。

第二,通过注射或口服等途径,使用异体动物制备的抗体,直接进入到动物体内,使动物获得抵抗病原微生物感染的能力。这种方法称为被动免疫。如母畜的抗体(母源抗体)通过初乳进入幼畜体内,或给动物注射高免血清等。

第三,给动物提供营养全面的饲料,或提供可以提高动物抵抗力的物质(如中草药等),以及加强饲养管理等,都可以增强动物的抗病能力，这称为非特异性免疫。

42. 什么是抗原和抗体？

答：抗原是一种物质，通常是被灭活（杀死）的或毒力被减弱的病原（病毒、细菌等）及其代谢产物（类毒素）。这种物质能刺激动物机体免疫系统产生抗体，或者能提高动物机体内一些细胞（如淋巴细胞、吞噬细胞）消灭病原微生物的能力。

抗体是指动物机体受到抗原刺激后，由免疫系统产生的一种能与相应抗原（病原）发生特异性结合反应的免疫球蛋白。这种免疫球蛋白与抗原的关系，好像钥匙与锁的关系。抗体与病原结合后，病原就会被杀死，消除了病原的致病能力。

43. 接种疫苗（免疫）会产生哪些副作用？

答：给动物接种疫苗一般不会产生副作用，但是极少数动物对疫苗比较敏感，或者少数疫苗刺激性等反应较大，接种疫苗后会引起部分动物产生一些不良后果（副作用）。如注射疫苗后 24 小时内在接种部位有红、肿、热、痛等炎症反应，有些动物会发生体温升高、恶心、呕吐等反应，或者导致生产能力（产蛋率、产奶量等）下降等，一般不需进行任何处理，就会自行消退。极少数动物在接种疫苗后不久会出现较严重的反应，表现呼吸急促、心跳加快、皮肤出血等症状，甚至动物突然倒地，发生休克，这就是常说的过敏反应，必须进行抢救，否则动物会死亡。

44. 接种疫苗发生“过敏反应”后应怎样抢救？

答：当接种疫苗后，动物出现荨麻疹、眼睑水肿、腹泻及支气管痉挛等较严重的过敏反应，特别是发生倒地休克时，应立即进行抢救。一般是给过敏动物肌内注射肾上腺素，危急时可采用缓慢静脉注射；使用剂量应参照使用说明书的规定。注意肾上腺素注射剂量不可过大，超剂量使用可引起动物心动过速而立即死亡。也可使用抗过敏药物如地塞米松注射液等进行治疗，必要时可二次用药。治疗后要精心照料，保持安静，多饲喂多汁饲料和青绿饲料。一般的过敏反应，如体温升高时，可注射安乃近等清热降温的药物；心脏衰弱、皮肤发绀时，可注射安钠咖注射液。轻度过敏反应，如体温稍有偏高，或停食，但无其他异常时，1～2天内可以康复，不必治疗。

45. 疫苗有哪些种类？

答：疫苗主要有两大类，即细菌性疫苗和病毒性疫苗。由细菌、霉形体、螺形体等制成的疫苗为细菌性疫苗，包括活菌疫苗（弱毒活疫苗）和死菌疫苗（灭活苗）两类，如猪巴氏杆菌活疫苗、鸡大肠杆菌灭活疫苗；由病毒制成的疫苗称为病毒性疫苗，包括弱毒活疫苗（活苗）和死病毒疫苗（灭活苗）两类，如鸡新城疫活疫苗、猪伪狂犬病灭活苗等。现在科学家研制的DNA疫苗，也属于病毒性疫苗。基因工程疫苗既有细菌性疫苗，也有病毒性疫苗。

此外，还有一种由细菌代谢产物制作的称为类毒素的疫苗。

46. 目前我国主要有哪些疫苗制造企业生产重大动物疫病疫苗？

答：我国生产动物用疫苗的企业较多，但生产预防禽流感等重大动物疫病的疫苗，必须经过农业部的批准，目前主要的生产企业有中牧实业股份有限公司、哈尔滨维科生物技术开发公司、内蒙古生物药品厂、乾元浩生物股份有限公司、中国农业科学院兰州兽医研究所、广东大华农动物保健品有限公司、青岛易邦生物工程有限公司等10多家企业。

47. 什么是多价苗与联苗？什么是基因缺失疫苗？

答：多价苗是指用同一种细菌（或病毒）的不同血清型混合制成的疫苗，如大肠杆菌多价苗。联苗是指由2种以上的细菌（或病毒）联合制成的疫苗，如猪瘟-猪丹毒-猪肺疫三联苗。

基因缺失疫苗就是用基因工程技术切除病毒（抗原）中有关致病的基因，然后用这种无致病基因的病毒制作活疫苗。该类疫苗安全性好，其产生的免疫抗体不同于感染野外病毒而产生的抗体，从而可以进行鉴别，有利于实施疫病的控制和消灭计划，如伪狂犬病基因缺失疫苗。

48. 疫苗如何保存?

答：不同的疫苗，保存的要求也不同。一般灭活疫苗，或者是呈液体状的疫苗，应在2℃～8℃条件下保存，不得结冰。弱毒活疫苗，或者是呈冻干固态状的疫苗，应在－10℃～－15℃条件下保存。

必须注意的是，无论是灭活苗，还是弱毒活疫苗，保存时都要保持恒温，温度不得时高时低。在疫苗运输过程中，也要保持相应恒温。

49. 弱毒活疫苗和灭活苗各有哪些优缺点?

答：弱毒活疫苗的优点是因疫苗接种到动物体内后抗原能繁殖，所以接种剂量小，免疫期相对长，也不影响动物产品的品质。其缺点是有些弱毒苗中抗原仍然有一定的毒力，可引起某些动物发病；有些弱毒苗虽然没有毒力，但接种到动物体内后，抗原经反复繁殖传代后毒力会返强（制成疫苗的病原能在动物体内反复繁殖后排出体外，并能侵入另一个动物进行传代），导致动物发病，并造成疫病传播。此外，贮存和运输条件要求也较高。

灭活苗的优点是使用安全，易保存。其缺点是免疫效果比弱毒苗差，接种剂量较大，免疫期相对短，需要重复接种；接种后副作用较大。

50. 常用的疫苗接种方法有哪些?

答：常用的接种方法包括滴鼻点眼免疫法、饮水免疫法、喷雾免疫法、皮下注射法、肌内注射法、翼膜刺种等。

附录二　2016年下半年河南省畜牧兽医行政执法人员考试试卷及参考答案

（考试时间90分钟，满分100分）

一、填空（每空1分，共15分）

1.《动物防疫法》赋予动物卫生监督机构的职责是负责动物、动物产品的检疫工作和其他有关动物防疫的监督管理执法工作。

2. 实施现场检疫的官方兽医应当在检疫证明、检疫标志上签字或者盖章，并对检疫结论负责。

3.《动物检疫管理办法》规定，跨省、自治区、直辖市引进用于饲养的非乳用、非种用动物到达目的后，货主或者承运人应当在24小时内向所在地县级动物卫生监督机构报告，并接受监督检查。

4.《生猪屠宰管理条例实施办法》规定：生猪定点屠宰厂（场）应当按照国家规定的操作规程和技术要求屠宰生猪，宰前停食静养应不少于12小时。

5.《动物检疫合格证明》（动物A）的适用范围是用于跨省境出售或者运输动物。

6. 动物卫生监督机构可以对染疫或疑似染疫的动物、动物产品及相关物品采取查封、扣押措施。

7. 对经强制免疫的动物未按照国务院兽医主管部门的规定建立免疫档案、加施畜禽标识的，依照《中华人民共和国畜牧法》的有关规定处罚。

8.《生猪屠宰管理条例》规定：国家实行生猪定点屠宰 、集中检疫制度。

9. 生猪定点屠宰厂(场)未按要求及时报送屠宰、销售等相关信息的,由畜牧兽医主管部门责令改正,并可处1万元以下罚款。

10. 畜禽标识实行一畜一标,编码应当具有唯一性。

11.《饲料和饲料添加剂管理条例》中所称的饲料添加剂,是指在饲料加工、制作、使用过程中添加的少量和微量物质,包括营养性饲料添加剂和一般饲料添加剂。

12. 根据《兽药管理条例》,国家实行兽用处方药和非处方药分类管理制度。

13. 禁止将兽用原料药拆零销售或者销售给兽药生产企业以外的单位和个人。

14. 河南省畜牧兽医日常执法监督工作方法坚持风险分级、量化管理的原则,采取网格化管理,划片分区、责任到人。

15. 生鲜乳运输车辆应当取得生鲜乳准运证明,并随车携带生鲜乳交接单。

二、单项选择(每题1分,共30分)

1.《动物防疫法》所称动物产品是指动物的肉、生皮、原毛、绒、脏器、脂、血液、精液、卵、胚胎、骨、角、头、蹄、筋以及(A)等。

A. 可能传播动物疫病的奶、蛋

B. 生鲜乳　　C. 商品蛋、种蛋

2. 产地检疫申报单和检疫工作记录应保存(B)个月以上。

A. 6　　B. 12　　C. 24

3. 炭疽动物严禁剖检,是因为在剖检过程中会形成具有强大抵抗力的(B),污染土壤、水源、牧地,成为长久的疫源地。

A. 荚膜　　B. 芽孢　　C. 孢子

4. 进入屠宰场(厂、点)的动物应当附有(C),并佩戴有农业部规定的畜禽标识。

A.《产地检疫合格证明》　　B.《出县境检疫合格证明》

C.《动物检疫合格证明》

5. 应当依法履行动物疫病强制免疫义务主体有哪些？（C）

A. 乡村防疫员 B. 乡村兽医 C. 饲养动物的单位和个人

6. 布鲁氏菌病主要经（A）传播，也可经皮肤感染，吸血昆虫可传播该病。

A. 消化道 B. 呼吸道 C. 生殖道

7. 对动物、动物产品的运载工具在装载前和卸载后没有及时清洗、消毒的，动物卫生监督机构责令改正，并给予（B）。

A. 行政处罚 B. 警告 C. 强制处理

8. 猪繁殖与呼吸综合征主要危害仔猪和（C）。

A. 公猪 B. 育肥猪 C. 母猪

9.《动物防疫法》规定，对饲养的动物不按照动物疫病强制免疫计划进行免疫接种的，由动物卫生监督机构责令改正，（C）；拒不改正的，由动物卫生监督机构代作处理，所需处理费用由违法行为人承担。

A. 并处 1 000 元以下罚款

B. 禁止调运 C. 给予警告

10. 经检疫不合格的动物、动物产品处理所需费用由（A）承担。

A. 货（畜）主 B. 动物卫生监督机构 C. 财政部门

11. 发生高致病性禽流感疫情，在最后一羽家禽扑杀后，经（A）天未发生新的疫情，方可解除封锁。

A. 21 B. 30 C. 45

12. 生猪定点屠宰证书和生猪定点屠宰标志牌不得（C）。

A. 出借 B. 转让 C. 出借、转让

13. 根据《动物防疫法》规定，屠宰未附有检疫证明的动物的，由动物卫生监督机构责令改正，处同类检疫合格动物、动物产品货值金额（C）的罚款。

A. 10%以上 20%以下 B. 10%以上 30%以下

C. 10%以上 50%以下

14. 现行的猪肉水分含量国家标准规定，鲜、冻片猪肉理化指标中水分含量不得超过（ B ）。

A. 75%　　B. 77%　　C. 78%

15. 对生猪、生猪产品注水或者注入其他物质的，构成犯罪的，依据（ A ）追究刑事责任。

A. 生产、销售伪劣产品罪

B. 生产、销售不符合食品安全罪

C. 生产、销售有毒、有害食品罪

16. 屠宰企业收购、屠宰耳标不全生猪行为的，将依据（ C ）进行立案查处。

A. 中华人民共和国动物防疫法

B. 生猪屠宰管理条例

C. 中华人民共和国畜牧法

17. 畜禽标识编码由畜禽种类代码、县级行政区域代码、标识顺序号共（ C ）位数字及专用条码组成。

A. 10　　B. 12　　C. 15

18. 畜禽屠宰经营者应当在畜禽屠宰时回收畜禽标识，由（ A ）保存、销毁。

A. 动物卫生监督机构

B. 动物疫病预防控制机构

C. 畜禽屠宰经营企业

19. 当发生一类动物疫病时（ A ）有权组织对疫区实施封锁。

A. 县级以上地方人民政府

B. 县级以上畜牧兽医主管部门

C. 县级以上动物卫生监督机构

20. 跨省、自治区、直辖市引进的乳用、种用动物隔离观察后，需继续在省内运输的，货主应当向动物卫生监督机构（ B ）。

A. 重新申报检疫，收取工本费

B. 申请换证,换证不收费

C. 重新申报检疫,不收费

21. 自 2013 年 11 月 8 日起,饲料添加剂和添加剂预混合饲料生产许可证由(C)核发。

A. 县级以上人民政府饲料管理部门

B. 市级以上人民政府饲料管理部门

C. 省级人民政府饲料管理部门

22. 饲料生产企业生产的鸡饲料中检出喹乙醇,依照(A)进行处罚。

A.《兽药管理条例》

B.《饲料和饲料添加剂管理条例》

C.《饲料和饲料添加剂管理条例》和《兽药管理条例》均可,按重的处罚

23. 兽药经营企业停止生产超过(C),由原发证机关责令其交回兽药经营许可证。

A. 4 个月　　B. 5 个月　　C. 6 个月

24. 兽医行政管理部门依法进行监督检查时,采取查封、扣押的行政强制措施,应自采取行政强制措施之日起(C)内做出是否立案的决定。

A. 5 个工作日　B. 6 个工作日　C. 7 个工作日

25. 生鲜乳收购许可证的颁发部门是(A)人民政府畜牧兽医主管部门。

A. 县级　　B. 市级　　C. 省级

26. 种畜禽生产经营许可证样式由国务院畜牧兽医行政主管部门制定,许可证有效期为(C)。

A. 1 年　　B. 2 年　　C. 3 年

27. 在食用农产品种植、养殖、销售、运输、贮存等过程中,使用禁用农药、兽药等禁用物质或者其他有毒、有害物质的,按照(C)

定罪处罚。

A. 生产、销售不符合安全标准的食品罪

B. 生产、销售伪劣产品罪

C. 生产、销售有毒、有害食品罪

28. 我省生猪定点屠宰企业由（ B ）根据设置规划，组织畜牧、环保、商务等有关部门审查后，颁发生猪定点屠宰证书和生猪定点屠宰标志牌。

A. 省级人民政府

B. 省辖市、省直管县（市）人民政府

C. 省辖市、省直管县（市）畜牧兽医主管部门

29.《动物检疫管理办法》规定，向无规定疫病区输入易感动物、易感动物产品的，货主应当在起运（ A ）天前向输入地省级动物卫生监督机构申报检疫。

A. 3　　B. 15　　C. 随报随检

30. 由于疾病引起胆汁代谢障碍而造成脂肪皮肤、黏膜和肌膜等呈黄色的肉是（ C ）。

A. 黄脂　　B. 黄肌　　C. 黄疸

三、多项选择（每题1.5分，共30分）

1.《动物检疫管理办法》规定动物检疫应遵循（ABC）和可追溯管理相结合的原则。

A. 区域化　　B. 过程监管　　C. 风险控制　　D. 定期监测

2. 下列哪些动物及动物产品需要申请办理检疫审批手续？（ AB ）

A. 跨省、自治区、直辖市引进的乳用动物

B. 跨省、自治区、直辖市引进的种用动物及其精液、胚胎、种蛋。

C. 跨省、自治区、直辖市引进的所有动物

D. 省内调运种用、乳用动物

3.《动物防疫法》规定，动物卫生监督机构及其工作人员对未

经现场检疫或者检疫不合格的动物、动物产品出具检疫证明、加施检疫标志，由兽医主管部门（ AB ）。

A. 责令改正　　　　　B. 通报批评

C. 开除公职　　　　　D. 追究刑事责任

4. 转让、伪造或者变造检疫证明、检疫标志或者畜禽标识的，由动物卫生监督机构（ ABC ）。

A. 没收违法所得

B. 收缴检疫证明、检疫标志或畜禽标识

C. 并处三千元以上三万元以下罚款

D. 并处一千元以上三万元以下罚款

5. 依法应当检疫而未经检疫的骨、角、生皮、原毛、绒等产品，需要具备哪些条件可以实施补检？（ ABCD ）。

A. 货主在 5 天内提供输出地动物卫生监督机构出具的来自非封锁区的证明

B. 经外观检查无腐烂变质

C. 按有关规定重新消毒

D. 农业部规定需要进行实验室疫病检测的，检测结果符合要求

6. 发现动物染疫或者疑似染疫的，应当立即向（ ABC）报告。

A. 当地兽医主管部门

B. 当地动物疫病预防控制中心

C. 当地动物卫生监督机构

D. 当地人民政府

7. 下列情况适用于封锁的是（AD ）。

A. 发生高致病性蓝耳病

B. 发生炭疽呈地方性流行

C. 发生猪肺疫

D. 发生猪圆环病毒病并暴发流行

8. 个体检疫主要以（ AD ）检查为主，必要时进行听诊和叩诊。

A. 视诊　　B. 嗅诊　　C. 体温检测　　D. 触诊

9. 具有下列情形（ABC ）之一的，属于生产、销售不符合食品安全标准的食品，应当向当地公安机关移交案件。

A. 属于病死、死因不明的动物

B. 检验检疫不合格的动物、动物产品

C. 含有严重超出标准限量的兽药残留

D. 为动物产品注入违禁药物

10. 目前，我省动物检疫申报的方式有：（ ABCD ）

A. 申报点填报　　B. 电话　　C. 传真　　D. 网络申报

11. 对病害动物及动物产品进行无害化处理的方法包括：（ ABCD ）

A. 焚烧　　B. 化制　　C. 掩埋　　D. 发酵

12. 变造检疫证明、检疫标志和畜禽标识是指采用（ ABCD ）等方法加工处理，改变检疫证明、检疫标志和畜禽标识的已有项目和内容的一部分的行为。

A. 涂改　　B. 挖补　　C. 拼接　　D. 剪贴

13. 以下哪种饲料，其生产许可证由农业部核发（ABD）

A. 新饲料　　B. 新饲料添加剂

C. 添加剂预混合饲料　　D. 进口饲料

14. 以下哪种饲料，其生产许可证由省级饲料管理部门核发（ABCD）

A. 单一饲料　　B. 饲料添加剂

C. 精料补充料　　D. 添加剂预混合饲料

15. 禁止经营、使用（ABCD）的饲料、饲料添加剂。

A.无产品标签　　B.无生产许可证

C.无产品质量标准　　D.无产品质量检验合格证

16. 下列哪种行为属于违法行为？(ABC)

A. 买卖兽药生产许可证的

B. 出租兽药产品批准文号的

C. 出借兽药产品批准文号的

D. 改变生产场地生产兽药，另行申请兽药批准文号

17. 兽药生产企业生产的兽药有下列哪些情形，按照《兽药管理条例》撤销兽药产品批准文号。(BCD)

A. 抽查检验1次不合格

B. 改变组方添加其他兽药成分

C. 主要成分含量在兽药国家标准150%以上或50%以下

D. 主要成分含量在兽药国家标准120%以上或80%以下，累计2批次以上

18. 兽药产品(原料药除外)必须同时使用哪两种标签？(AB)

A. 内包装标签　　B. 外包装标签

C. 大包装标签　　D. 小包装标签

19. 下列情况不属于违法行为的是？(BCD)

A. 兽药经营企业经营人用药品

B. 向兽药生产企业销售兽药原料药

C. 养殖场凭借兽医处方到兽药经营门店购药

D. 兽用生物制品经营企业经营血清制品

20. 禁止收购的生鲜乳包括(ABD)

A. 经检测不符合健康标准的

B. 未经检疫合格的奶畜产的

C. 初乳

D. 其他不符合乳品质量安全标准的

四、判断(每题0.5分，共10分)

1. 发生一类疫病时，省畜牧兽医主管部门应当立即组织有关

部门和单位采取封锁、隔离、扑杀、销毁、消毒、无害化处理、紧急免疫接种等强制性措施，迅速扑灭疫病。（错）

2. 我省可以通过网络进行检疫申报，无需填写检疫申报单。（错）

3. 具有2名以上取得执业兽医师资格证书的人员即可设立动物医院从事动物颅腔、胸腔和腹腔手术。（错）

4. 生猪宰后剖检咬肌、心肌、腰肌的目的是查猪囊尾蚴。（对）

5. 动物卫生监督机构可以根据检疫工作需要，指定兽医专业人员协助官方兽医实施动物检疫。（对）

6. 猪链球菌病淋巴结脓肿多见于颌下淋巴结发生化脓性炎症，其次是咽部、耳下和颈部淋巴结。（对）

7.《病害动物和病害动物产品生物安全处理规程》规定，患有炭疽等芽孢杆菌类疫病，以及牛海绵状脑病、痒病的染疫动物及产品、组织的处理可以采用掩埋的方式。（错）

8. 动物诊疗机构违反《动物防疫法》规定，造成动物疫病扩散的，情节严重的，由动物卫生监督机构依法给予处罚并吊销动物诊疗许可证。（错）

9. 任何单位和个人不得销售、收购、运输、屠宰应当加施标识而没有标识的畜禽。（对）

10. 生猪定点屠宰厂（场）应当如实记录其屠宰的生猪来源和生猪产品流向。生猪来源和生猪产品流向记录保存期限不得少于1年。（ 错 ）

11. 我省规定，B类生猪定点屠宰企业只能向当地或指定区域销售猪肉，不得超范围销售。（对 ）

12. 屠宰企业的肉品品质检验工作由驻场官方兽医实施。（错）

13. 屠宰技术人员必须持有县级以上医疗机构开具的健康证

明。(对)

14. 行政处罚的种类包括警告,罚款,没收违法所得、没收非法财物,责令改正等。(错)

15. 食品级的饲料添加剂也可以直接饲喂动物。(错)

16. 饲料标签必须在保证不打开包装的前提下,能看到完整的标签内容。(对)

17. 第三方检测机构如河南海瑞正检测机构出具的饲料检测报告可以直接作为执法依据。(错)

18. 饲料可以委托加工,兽药不可以委托加工。(对)

19. 兽药生产企业变更生产范围、生产地点的,应当依照规定重新申请换发兽药生产许可证。(对)

20. 兽用生物制品经销商可以将所代理的产品销售给其他兽药经营企业。(错)

五、简答(每题4分,共8分)

1. 对生猪进行产地检疫时需要查验哪些资料?

答:(1)官方兽医应查验饲养场(养殖小区)《动物防疫条件合格证》和养殖档案,了解生产、免疫、监测、诊疗、消毒、无害化处理等情况,确认饲养场(养殖小区)6个月内未发生相关动物疫病,确认生猪已按国家规定进行强制免疫,并在有效保护期内。省内调运种猪的,还应查验《种畜禽生产经营许可证》。

(2)官方兽医应查验散养户防疫档案,确认生猪已按国家规定进行强制免疫,并在有效保护期内。

(3)官方兽医应查验生猪畜禽标识加施情况,确认其佩戴的畜禽标识与相关档案记录相符。

2. 生猪定点屠宰厂(场)、其他单位或个人对生猪、生猪产品注水或注入其他物质的,在货值金额难以确定时,应怎样进行处罚?

答:生猪定点屠宰厂(场)其他单位或个人对生猪、生猪产品注水或注入其他物质的，由畜牧兽医行政主管部门没收注水或注入其他物质的生猪、生猪产品、注水工具和设备以及违法所得，货值金额难以确定的，对生猪定点屠宰厂（场）或其他单位并处5万元以上10万元以下罚款，对个人并处1万元以上2万元以下罚款；构成犯罪的，依法追究刑事责任。

六、案例分析（共7分）

2016年6月18日，大田县畜牧局的执法人员张某和李某在例行监督检查过程中，发现该县为民兽药经营店（个体工商户）有两盒假兽药，经查询其进货记录、销售记录和价格表，查清该批假兽药还未销售，货值共计20元，执法人员以当事人有兽药经营许可证经营假兽药为由，对其做出没收假兽药2盒，罚款40元的当场处罚决定。当事人当场将罚款交给执法人员，执法人员依法出具罚没票据。请问：

1. 本案适用当场处罚程序是否正确？并简要说明理由。

2. 本案执法人员能否当场收缴罚款？并简要说明理由。

答：1. 不正确。

理由：当场做出处罚的处罚种类只包括警告和罚款两种，本案的假兽药依据《兽药管理条例》第五十六条应予没收，所以不能使用当场处罚程序。

2. 不能当场收缴罚款。

理由：依据《行政处罚法》第四十七条规定，当场做出行政处罚决定，依法给予20元以下罚款的和不当场收缴事后难以执行的，才可以当场收缴罚款。本案罚款是40元，案例中没有交代能够当场收缴罚款的其他情节，所以本案不能当场收缴罚款。